# 土佐の植物暦

小林 史郎

## はじめに

土佐とは今の高知県のことです。

高知県は日本の四国の南の県です。

ぼくは高知県に住んでいて、野原、海辺、森など
自然探検に出かけるのが楽しみです。

一つ一つの発見に胸がおどります。

この本は高知県の在来植物ばかりを

紹介しています。

昔から自然に生えている木や草を、

在来植物といいます。

ある植物は特別な土にだけ育ち、世界でここにしか生えません。

鳥や昆虫の力を借りて実を結び、種をまく植物。

目に見えない微生物と結びついて栄養をえている植物もいます。

すべてがつながって、ここに森があり野原があり、花が咲きます。

在来植物は風土にあったくらしをしていて、

ふしぎな命のいとなみを

くり返しています。

今年もまた、感動の季節が

めぐってくるとワクワクしています。

高知県

中部

東部

ものべがわ
物部川

にょどがわ
仁淀川

むろとみさき
室戸岬

西部

しまんとがわ
四万十川

あしずりみさき
足摺岬

# 目次

# この本のみかた

花や実などみどころとなる季節を、植物暦として12ヶ月でご案内します。
高知県の春は早く、2月始まりにしました。
ひと月のなかでは、海岸～平地～山地というように、標高の低いところから高い
ところの順で植物を並べています。

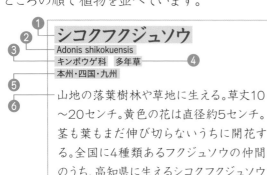

**シコクフクジュソウ**
Adonis shikokuensis
キンポウゲ科　多年草
本州・四国・九州

山地の落葉樹林や草地に生える。草丈10
～20センチ。黄色の花は直径約5センチ。
茎も葉もまだ伸び切らないうちに開花す
る。全国に4種類あるフクジュソウの仲間
のうち、高知県に生えるシコクフクジュソウ
は茎の中が空洞になるという特徴がある。

❶和名……………日本語での名前。地方によってちがう名前で呼ばれることもあります。

❷学名……………世界共通の名前。ラテン語を使い、アルファベットで表記します。

❸科名……………植物の遺伝情報で分けた仲間の名前。

❹植物のくらし…植物の一生の育ち方。詳しくは右ページを見てください。

❺分布……………自然に生えている地方。日本国内のみ示しています。

❻案内文…………植物の説明。文中で*のついている言葉はP210、211に解説があります。

## キク科の花の表しかた

植物の図鑑や教科書などでは、キク科の花は下の図のような呼び方が使われ
ています。
この本のキク科の花では、頭花を「花」、舌状花を「花びら」と表しています。

**頭花**
たくさんの花が集まったもの。
1つの花のように見える。

**筒状花**
頭花の中よりにある
筒形の花。

**舌状花**
頭花の外よりにある、
花びらの長い花。

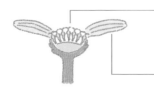

# 植物のくらし

**一年草** 春に種から芽生え、その年のうちに花が咲く。
冬には種を残し、全草が枯れる。
例：スベリヒユ

| 春 | 夏～秋 | 冬 | 次の春 |
|---|---|---|---|
| 種から芽を出す | 花が咲き種を残して枯れる | 種ですごす | 種から芽を出す |

**越年草** 秋に種から芽生え、小さな株で冬をこし、花が咲く。
種ができると全草が枯れる。
例：カラスノエンドウ

| 秋 | 冬 | 春～夏 | 次の秋 |
|---|---|---|---|
| 種から芽を出す | 株ですごす | 花が咲き、種を残し枯れる | 種から芽を出す |

**多年草** 種から芽生えたあと1～数年で花が咲き種ができる。
冬に葉が枯れても株が残る。
春には株から芽が出る。
例：スミレ

| 春 | 夏～秋 | 冬 | 次の春 |
|---|---|---|---|
| 株から芽を出す | 花が咲き種ができる | 葉は枯れても株は残る | 株から芽を出す |

**二年草** 芽生えて一年目は花が咲かず、二年目に花が咲き、種を残して全草が枯れる。
例：ムラサキケマン

**落葉樹** 秋に葉がすべて落ち、
冬は枝だけになる樹木。
例：ヤマザクラ

**常緑樹** 葉がすべて落ちることはなく、
冬も葉のある樹木。
例：スダジイ

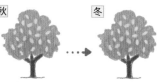

**半常緑樹** 葉は秋に多く落ちるが一部が残り、冬も葉のある樹木。例：ヤマツツジ

**つる性植物** 茎が自立しない草や樹木。他のものに巻きついたり、寄りかかったりする。
例：フジ・ヤマノイモ
この本では組み合わせて表しています。例：「つる性半常緑樹」「つる性多年草」

5

植物の生育環境

## 石灰岩地
石灰岩でできた土地。
四国カルストでは草原
の草花が見られる。

## 落葉樹林
コナラやブナの林。
落葉する冬は明る
い。林床には早春に
草花が咲く。

## スギ林
木陰には様々
な低木や草が
生える。

## 池・湿地
夏には水草が茂り、
多くの生き物が集
まってくる。

## 川岸
水に流されるので、
細い葉や強い根と茎
をもつ植物が育つ。

## 市街地
コンクリートのすき間に植
物が生える。乾燥や夏の
高温に強い植物が多い。

## 海岸
太平洋の沿岸は黒潮の影
響が強い。冬も暖かい岩場
には白や黄色の野菊が咲
く。

## 山地
高さ約500メートル以上の山。涼しい気候に合った植物が生える。

## 蛇紋岩地
蛇紋岩でできた土地。高知県に特有の植物が多く生える。早春、トサミズキの花が咲く。

## 低山
高さ約500メートルまでの山。たくさんの野生植物が見られる。

## 常緑樹林
シイやカシの仲間の林。一年中暗い。日陰に生える植物が育つ。

## 人里
人のくらしのあるところ。踏まれたり、刈られたりする中で育つ植物が残る。

## 水田
水をためた田んぼのまわりに、湿り気を好む植物が生える。

## 畑
日当たりがよく土が肥えている。すぐに耕されるので、短い期間で種を残す一年草や越年草が多く生える。

# 植物のつくり

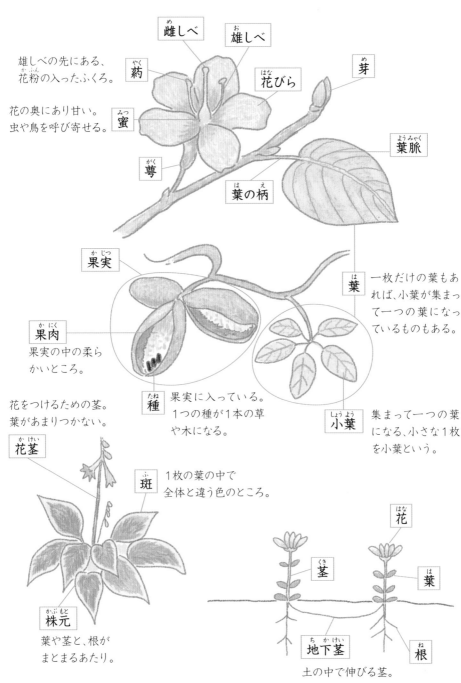

雌しべ

雄しべ
雄しべの先にある、
花粉の入ったふくろ。

葯

花びら

芽

花の奥にあり甘い。
虫や鳥を呼び寄せる。

蜜

葉脈

萼

葉の柄

果実

葉
一枚だけの葉もあ
れば、小葉が集まっ
て一つの葉になっ
ているものもある。

果肉
果実の中の柔ら
かいところ。

種
果実に入っている。
1つの種が1本の草
や木になる。

小葉
集まって一つの葉
になる、小さな1枚
を小葉という。

花をつけるための茎。
葉があまりつかない。

花茎

斑
1枚の葉の中で
全体と違う色のところ。

花

茎

葉

株元
葉や茎と、根が
まとまるあたり。

地下茎
土の中で伸びる茎。

根

8

# 植物のかたち

つりがね形

つぼ形

ろうと形

筒形

星形

一重

八重咲き

## 飾り花

種をつくる花よりも
大きく目立つ花。虫
がみつける目印に
なる。飾り花は種を
つくらない。
例:ヤマアジサイ
　　コガクウツギ

## 仏炎苞

筒形の花びらのよ
うな葉。花のまわり
を囲む。サトイモ科
で見られる。
例:ユキモチソウ
　　オオハンゲ

## 花嚢

果実のように見え
るふくろ。イチジク
に似ている。内側で
花が咲き、種をつく
る。
例:イヌビワ

断面

## 小穂

小さな花が集まっ
たもの。
例:コメガヤ
　　ヒトモトススキ

# 2月

フ キ

Petasites japonicus subsp. japonicus

## ホトケノザ
Lamium amplexicaule
シソ科　越年草
北海道・本州・四国・九州・沖縄

人里の道ばたや畑に生える。草丈は10〜30センチ。花は長さ約2センチで葉のつけ根から立ち上がって咲く。暖かい日には小さなハチが花に頭を突っ込んで蜜を吸い、授粉する。茎を取り囲む葉の形が仏像の台座(だいざ)に見えることから「仏の座(ほとけのざ)」の名がついた。

## ナズナ
Capsella bursa-pastoris
アブラナ科　越年草
北海道・本州・四国・九州・沖縄

人里の道ばたや畑に生える。草丈10〜40センチ。花は白く、直径約3ミリ。果実は長さ約5ミリの三角形。この果実を三味線(しゃみせん)*のばちに見立てて、三味線の音から「ぺんぺん草(ぐさ)」とも呼ばれる。果実の柄を少しだけ裂き、穂を回してパチパチという音で遊べる。

## コオニタビラコ
Lapsanastrum apogonoides
キク科　越年草
本州・四国・九州

平地から低山にかけて、あぜや耕す前の水田に生える。草丈5〜20センチ。黄色の花は直径1センチほど。早春、地面にまるく広がった葉の上にちんまりと花をつける。春の七草の「ホトケノザ」はコオニタビラコのことだといわれ、若葉を七草がゆに入れる。

雌株につく透き通った黄緑色の果実は直径約8ミリで少し甘味がある。ヒヨドリやヒレンジャクなどの鳥が果実を食べる。

# ヤドリギ
Viscum album subsp. coloratum
ビャクダン科　常緑樹
北海道・本州・四国・九州

平地から山地にかけて、エノキやムクノキなど落葉樹の枝に寄生*する。落葉樹の樹上で直径1.5メートルほどにまるく茂る。雄株と雌株がある。雄株は黄緑色の直径約7ミリの花(写真)をつける。雌株には緑色の直径約3ミリの花が咲き、翌年の早春に果実となる。種はねばねばした果肉に包まれている。鳥が果実を食べてねばねばした糞を落とすと、種が落葉樹の樹上にくっつく。種は根を出し落葉樹の栄養を吸収する。落葉樹が枯れると共に枯れる。

# キジムシロ
Potentilla fragarioides var. major
バラ科　多年草
北海道・本州・四国・九州

平地から低山の乾いた草地に生える。茎は立ち上がらず、直径30センチほどの株になる。花は5枚の花びらがあり黄色で直径1〜1.5センチ。花茎が長く伸び、日当たりのよい暖かいところでよく咲く。里で春に咲く様々な黄色の花の中でも早くに咲き始める。

13

花びらは初め内向きに曲がっていて、しだいに平らに開く。雄しべの先は青紫色。

# セントウソウ

Chamaele decumbens var. decumbens

セリ科　多年草

北海道・本州・四国・九州

平地から低山の木陰に生える。まだ草のあまり茂っていない林の中にしばしば群生している。草丈約10センチ。葉は長さ5～10センチで細かく切れ込んでいる。白い花は直径約2ミリで5枚の花びらがあり、茎の先に平らに集まって咲く。早春、山道を歩くとよく見かける。名前の由来は、春の先頭に真っ先に咲く「先頭草（せんとうそう）」という説と、山に咲くことから仙人のすみかという意味の「仙洞草（せんとうそう）」という説がある。

# オガタマノキ

Magnolia compressa

モクレン科　常緑樹

本州（近畿地方以西）・四国・九州・沖縄

海岸に近い暖地の常緑樹林に生える。樹高20メートルになる。葉は厚くつやがある。花は直径約3センチで甘い香りがある。12枚の白い花びらはつけ根が赤紫に色づく。ミカドアゲハというチョウはこの木にだけ産卵し、幼虫は初夏、この木の葉を食べて育つ。

「ふきのとう」はフキのつぼみ。春、葉よりも先に地面に顔を出す。天ぷらやふきのとう味噌にして食べられる。

# フキ

Petasites japonicus subsp. japonicus

キク科　多年草

本州・四国・九州・沖縄

道ばたや川沿いの明るい草地に生える。草丈は10〜20センチ。地下茎を伸ばして群れをつくる。花は長さ約6ミリ。雄花と雌花があり、別々の株に咲く。雄花（左）はやや黄色っぽく、突き出た雄しべは太くて棒状。雌花（右）はまっ白かややピンク色で、突き出た雌しべは細くて糸状。高知県では市街地の近くで見られるのはほとんど雄花で、種をつくらず地下茎で増えている。山沿いでは雄花と雌花の両方が見つかる。

# タネツケバナ

Cardamine flexuosa

アブラナ科　一年草／越年草

北海道・本州・四国・九州・沖縄

平地から低山にかけて水田や川岸などに生える。草丈10〜50センチ。長さ3ミリほどの白い花が茎の先に集まる。茎や葉には独特の辛味があり、昆虫に葉を食われないという効果がある。若葉は生でサラダにしたりゆでておひたしにしたりして食べられる。

15

# ネコヤナギ
Salix gracilistyla var. gracilistyla
ヤナギ科　落葉樹
北海道・本州・四国・九州

川岸に生え、増水*すると水に沈むような水ぎわに多く見られる。樹高は約3メートル。つやつやした白い毛が花の穂をおおい、早春の寒さから花を守っている。穂の白い毛がネコを思わせるのでこの名がついた。まだ雄しべや雌しべが出てこない、冬芽の殻が取れた直後が一番ネコっぽい。花の穂は長さ約4センチ。雄株と雌株がある。それぞれ雄しべと雌しべが伸びてくる。

雄花では赤い雄しべが伸びてくる。雄しべの長さは約6ミリ。黄色の花粉を出す。

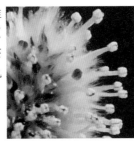

雌花では白い毛の間から淡い黄緑の雌しべが伸びてくる。雌しべの長さは約6ミリ。

# カワラハンノキ
Alnus serrulatoides
カバノキ科　落葉樹
本州(中部地方以西)・四国・九州

日当たりのよい川岸の岩場に生える。樹高約4メートル。春、葉が出る前に花が咲く。たれ下がった薄茶色の雄花の穂(右)は長さ5〜8センチで、風にゆれて花粉を飛ばす。別の枝につくまるい赤紫色の雌花の穂(左)は長さ約5ミリで、他の木の花粉を受け止める。

# ヨモギ
Artemisia indica var. maximowiczii
キク科　多年草
本州・四国・九州・沖縄

道ばたや空き地に生える。冬枯れ*した枝の根元に若葉が出る。葉は長さ5〜10センチで深く切れ込み白い毛が生えている。葉には爽やかな香りがあり、草もちの材料など食用にされる。特に出はじめの新芽を天ぷらにすると柔らかくおいしい。

# イワカンスゲ
Carex makinoana
カヤツリグサ科　多年草
四国・九州・沖縄

低山の日当たりのよい岩場に生える。草丈20〜50センチ。黒くつやのある長さ5〜10センチの穂が数個、花茎につく。花茎の先の穂にはクリーム色の雄しべがつき(写真)、花粉は風に飛ばされる。数日後、雄しべの穂の下にあるいくつかの穂に白い雌しべが現れる。

## ナンカイアオイ

Asarum nipponicum var. nankaiense
ウマノスズクサ科　多年草
本州（紀伊半島）・四国

低山の林内に生える。草丈は10セン
チ以下。ハート形で表面に白いすじ
の入った葉が数枚集まって株にな
る。葉は年中枯れない。花は暗い紫
色のつぼ形で直径2〜3センチ。3枚
の花びらには短い毛が生える。地面
近くで落ち葉やコケに埋もれるよう
にして咲く。形と模様に特徴のある
葉を見つけておいて、早春に株元を
探すと花が見られる。

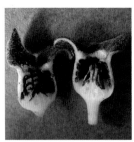
花びらの内側
にひだがある。
ハエの仲間が
キノコと間違え
て産卵し、授粉
をするという。

## ヤマアイ

Mercurialis leiocarpa
トウダイグサ科　多年草
本州・四国・九州・沖縄

海岸に近い常緑樹林や低山の谷沿いに生
える。地下茎を伸ばして群れになり、草丈は
20〜40センチ。つやのある葉は青みがかっ
た緑色。一株に、糸状の白い雄しべを持つ直
径5ミリの雄花（上）と、ころっとした緑の雌
しべを持つ直径2ミリの雌花（中央）がある。

果実の中には直径4ミリほどの種が1個だけあり、玉ねぎのような模様と形をしている。

# ツルコウジ
Ardisia pusilla var. pusilla
サクラソウ科　常緑樹
本州(中部地方以西)・四国・九州・沖縄

常緑樹林の木陰に生える。茎は地面をはい、全長1メートル以上になる。茎の先は15センチほど立ち上がる。茎や葉の裏にはごわごわした毛が生えている。葉は長さ約3センチの卵形で、ふちにはあらいぎざぎざがある。果実は直径約6ミリで赤く熟す。同じ時期に赤い実をつけるヤブコウジは毛が少なく葉が細い。やぶに生えることからヤブコウジと名がつき、同じようにやぶに生えるが茎がつる状にはうことからツルコウジと名がついた。

# ヤブツバキ
Camellia japonica
ツバキ科　常緑樹
本州・四国・九州・沖縄

海岸から山地までの常緑樹林に生える。樹高約10メートル。花は赤く、直径約5センチ。かたまってついている雄しべの奥に蜜がたまっていて、飲みに来た鳥が授粉する。厚くて丈夫な花びらは、鳥がつついても散りにくいつくりになっていて、蜜を守る。

白くて細長い花びらが5
枚と、それより短い花び
らが8枚ほどある。短い
方の花びらは蜜を出し、
昆虫を呼び寄せる。

# コセリバオウレン
Coptis japonica var. japonica
キンポウゲ科　多年草
本州・四国

薄暗い湿った林の中で、下草のあまり茂らないところに生える。草丈5〜15セン
チ。細かく切れ込んだ葉を株元に数枚つける。白い花は直径約1センチ。地域
によっては雄しべだけの雄花や雌しべだけの雌花があるが、高知県では今のと
ころ雄しべと雌しべのそろった花しか見つかっていない。胃腸の漢方薬として栽
培される黄連の仲間。黄色の地下茎は黄連と同じように胃腸の薬になる。高知
県では黄連の野生化したものもよく見かける。

# コショウノキ
Daphne kiusiana
ジンチョウゲ科　常緑樹
本州(関東地方以西)・四国・九州・沖縄

海岸近くから低山の常緑樹林に生える。植
物全体に毒がある。樹高約1.5メートル。
枝先に10個前後の花が集まって咲く。白い
花びらは長さ約8ミリの筒形で甘い香りが
ある。人里でジンチョウゲの花が咲くころ、
森に入るとコショウノキも咲いている。

白い5枚の花びらは楕円形。他に黄色でスプーン状の花びらが5枚ある。黄色の花びらは蜜を出し、昆虫を呼び寄せる。

# ヒュウガオウレン
Coptis minamitaniana
キンポウゲ科　多年草
四国（高知県）・九州（宮崎県）

低山の林の中に生える。草丈5〜15センチ。地下茎を伸ばして群れをつくる。葉は5つに分かれ、表面につやがある。白い花は茎の先に1つずつつき、直径約1.5センチ。近年、高知県の低山に生えるものにはバイカオウレンの他に、地下茎が太くなるヒュウガオウレンがあると分かった。以前は日本各地に生えるものはヒュウガオウレンも含めバイカオウレンとされていた。バイカオウレンは牧野富太郎*氏が少年時代から好んだ花といわれている。

# シコクフクジュソウ
Adonis shikokuensis
キンポウゲ科　多年草
本州・四国・九州

山地の落葉樹林や草地に生える。草丈10〜20センチ。黄色の花は直径約5センチ。茎も葉もまだ伸び切らないうちに開花する。全国に4種類あるフクジュソウの仲間のうち、高知県に生えるシコクフクジュソウは茎の中が空洞になるという特徴がある。

# 3月

ハマエンドウ

Lathyrus japonicus

## シロバナタンポポ
Taraxacum albidum
キク科　多年草
本州(関東地方以西)・四国・九州・沖縄

人里の道ばたに生える。地面に葉を広げ、草丈10〜30センチ。花は直径約4センチで白い。春いっせいに白い花が咲く。その後、綿毛のついた種を飛ばし、夏は葉だけになる。かつて高知県ではタンポポといえば白いもので、黄色いタンポポより多かったという。

## スギナ
Equisetum arvense
トクサ科　多年草
北海道・本州・四国・九州・沖縄

日当たりのよい道ばたやあぜに生える。うす茶色のツクシは草丈10〜20センチで、茎先の穂は胞子*を飛ばす。ツクシは穂と袴*をとると食材になる。緑色のスギナは夏まで伸び続けて草丈約40センチになる。ツクシとスギナは地下でつながった一つの植物。

## スズメノヤリ
Luzula capitata
イグサ科　多年草
北海道・本州・四国・九州・沖縄

日当たりのよい草地に生える。草丈10〜20センチ。葉のふちに長い毛がある。茎の先にこげ茶色の花が集まり、長さ1センチほどのかたまりになる。スズメは小さいことを表し、花の集まりが毛槍*のように見えることからこの名がついた。

# オオジシバリ
Ixeris japonica
キク科　多年草
北海道・本州・四国・九州・沖縄

水田のあぜや日当たりのよい道ばたに生え
る。茎は地面をはい、長さ数メートル。伸び
た茎先が根をおろし、次々と新しい株をつ
くる。花茎は立ち上がって草丈10〜30セ
ンチになる。黄色の花は直径約3センチ。タ
ンポポに似ているが花びらは一重。

# カキドオシ
Glechoma hederacea subsp. grandis
シソ科　多年草
北海道・本州・四国・九州

田畑のまわりや道ばたに見られる。茎は地
面をはい、長さ1〜数メートル。花茎だけが
立ち上がって草丈10センチほどになる。長
さ約3センチの薄紫の花が茎に2つずつ並
んでつく。香り高い新芽をつみ、在来種*の
ハーブとして食べることができる。

# キランソウ
Ajuga decumbens
シソ科　多年草
本州・四国・九州・沖縄

道ばたや畑、石垣などに生える。茎は地面を
はい、直径20センチほどに広がる。葉も花も
立ち上がらずじゅうたんのように地面にへば
りつく。葉は濃い緑で脈や裏面は紫がかる。
花は青紫で長さ約1センチ。花びらの下側が
広がり授粉する虫の足場になっている。

果実は4月ごろ赤く熟し、甘くて食べられる。直径3センチほどに大きくなるものもある。

# クサイチゴ
Rubus hirsutus
バラ科　半常緑樹
本州・四国・九州

あぜや道ばたなどの日当たりのよい草むらに生える。樹高30〜50センチ。白い花は直径約3.5センチで、まるい花びらが5枚ある。花の中心の雌しべとそのまわりの雄しべの間に、ぐるりと一周する溝がある。この溝にたまった蜜を目当てにいろいろな昆虫がやって来て授粉する。木イチゴの仲間だが、高さが低く茎も細いので「草いちご」の名がついた。高知県に20種類以上ある木イチゴの中では人里でよく見かける種類。

# ヒサカキ
Eurya japonica var. japonica
サカキ科　常緑樹
本州・四国・九州・沖縄

平地から低山の常緑樹林に生える。樹高約5メートル。花は白からクリーム色で、葉のつけ根に下向きに咲く。雄株と雌株がある。写真の雄花は直径約5ミリ。雌花は直径約3ミリで雄花に比べて閉じぎみ。どちらの花も同じ独特の香りがあり、香りで開花に気づく。

果実は5〜6月ごろオレンジから赤に熟し、直径約1センチ。甘酸っぱく、食べられる。

# ニガイチゴ
Rubus microphyllus
バラ科　落葉樹
本州・四国・九州

低山から山地にかけて、日当たりのよい林のまわりや道ばたに生える。樹高0.5〜1メートル。枝には下向きに曲がった鋭いとげがある。葉は花のつかない枝では3つに大きく切れ込み、花のつく枝では切れ込みが小さい。白っぽい葉の裏側の脈の上に、曲がったとげが生える。白い花は横へ長く伸びた枝の上に咲き、直径約2センチ。細くてしわのある花びらが5枚ある。種をかみつぶすと苦いことからこの名がついたといわれる。

# ナワシログミ
Elaeagnus pungens
グミ科　半つる性常緑樹
本州（中部地方以西）・四国・九州

海岸から低山の林のまわりに生える。樹高約3メートル。枝には鋭いとげがあり、他の樹木に引っかかりながらつる状に成長する。果実は長さ約1.5センチ。赤く熟すと食べられるようになる。皮が渋いので食べにくいが、果肉はとても甘い。

## スミレ
Viola mandshurica var. mandshurica
スミレ科　多年草
北海道・本州・四国・九州

道ばたや水田のあぜ、河原などに生える。
草丈5〜10センチ。花は直径約2.5センチ
で濃い紫色。スミレの仲間にはたくさんの
種類があり〇〇スミレと名がついているが、
ただ「スミレ」といえばこの種類。スミレの
仲間では花の色がいちばん濃い。

## コスミレ
Viola japonica
スミレ科　多年草
北海道(南部)・本州・四国・九州

人里の道ばたに生える。草丈10センチほ
ど。冬から春の葉は長さ5センチほど。花は
淡い紫色で直径約2センチ。果実は3つに
裂け、種がこぼれる。種にはアリの好むエ
ライオソーム*がついている。アリに運ばれ
てアリの巣のまわりで芽を出す。

## タチツボスミレ
Viola grypoceras var. grypoceras
スミレ科　多年草
北海道・本州・四国・九州・沖縄

海岸から山地まで湿り気のある道ばたの
草地や木陰に生える。春の草丈5〜10セン
チ。葉は長さ約2センチのハート形。花は薄
い青紫で直径2センチほど。株元に集まっ
ている葉と花は、茎を伸ばして広がり草丈
20センチほどになる。

葉の裏側（左）と葉の表側（右）。葉の裏側が紫色なので「紫背すみれ」の名がついた。

# シハイスミレ
Viola violacea var. violacea
スミレ科　多年草
本州・四国・九州

低山の乾いた木陰に生える。草丈10センチほどで葉は地面に広がる。葉は長さ2〜5センチで株元に集まってつく。葉の表面には脈にそって白いすじのあるものが多い。花は直径約1.5センチで、淡い赤紫からピンク、白など。高知県の木陰に生えるスミレの中ではよく見られる種類。シハイスミレは西日本に多い。木陰に生え葉も花もシハイスミレに似ているが、葉先が上を向く特徴があるのがマキノスミレ。マキノスミレは東日本に多い。

# アオイスミレ
Viola hondoensis
スミレ科　多年草
北海道・本州・四国・九州

低山の木陰に生える。草丈5センチほど。茎は地面をはって伸びる。葉はまるく、ビロード状の毛が生えている。春の葉は直径2〜3センチ。夏には直径約6センチの新しい葉に入れ替わる。花は淡い紫で直径約1.5センチ。花びらのふちが波打っている。

## スズシロソウ
Arabis flagellosa var. flagellosa
アブラナ科　多年草
本州（近畿地方以西）・四国・九州・沖縄

低山から山地にかけて、がけや小石の多い急斜面に生え、石灰岩地に多い。茎は地面をはって広がり群れになる。草丈は10センチぐらい。白からややピンクがかった花は直径約1センチ。4枚の花びらは2枚ずつに分かれて開く。

## アマナ
Amana edulis
ユリ科　多年草
本州・四国・九州・沖縄

平地から低山の日当たりのよい草地に生える。草丈約10センチ。白い花びらは長さ約2.5センチで6枚あり、外側には赤紫のすじが入っている。花は明るくなると開き、暗くなると閉じることを繰り返す。球根や若葉に甘味があるのでこの名がついた。

## ヒメウズ
Semiaquilegia adoxoides
キンポウゲ科　多年草
本州（関東地方以西）・四国・九州

道ばたやあぜ、川岸に生える。草丈10〜30センチ。葉と茎の色は赤っぽいものや黄緑のもの、葉に斑の入ったものなど様々。1月ごろから葉を広げ、2月には茎を伸ばす。茎は柔らかく、先がうなだれる。直径約5ミリの花は下向きに開き、白い花びらが5枚ある。

# キケマン
Corydalis heterocarpa var. japonica
ケシ科　多年草
本州（関東地方以西）・四国・九州・沖縄

海岸や低山の日当たりのよい草地に生える。高知県では蛇紋岩の土地にも多い。植物全体に毒がある。草丈60センチほど。株元からたくさんの枝を出して大きな株になる。葉は白っぽい緑色。花は長さ約1.5センチで黄色く、たくさん集まって穂になる。

# ムラサキケマン
Corydalis incisa
ケシ科　二年草
北海道・本州・四国・九州・沖縄

平地から低山の木陰に生える。植物全体に毒がある。草丈30〜50センチ。赤紫色の花は長さ約1.5センチの筒形で、筒の中ほどに柄がついて横向きに咲く。ウスバシロチョウの幼虫はこの葉を食べて体内に毒をため、鳥に食われないように身を守る。

# ジロボウエンゴサク
Corydalis decumbens
ケシ科　多年草
本州（関東地方以西）・四国・九州

平地から低山の日当たりのよい草地に生える。草丈10〜20センチ。地下に小さなイモがあり、地上にたくさんの葉と花茎を伸ばす。花は淡い赤紫色で長さ約2センチ。同じ春に咲くスミレを太郎坊、この花を次郎坊と呼ぶ子どもの遊びからこの名がついた。

## ヤマザクラ
Prunus jamasakura var. jamasakura
バラ科　落葉樹
本州・四国・九州

低山から山地の明るい林に生える落葉樹。樹高約10メートル。花は直径3センチぐらいで白から淡いピンク。花と前後して若葉のつぼみも開く。若葉の色は濃い赤や緑がかった黄色など様々。遠くから見ると、若葉と花の組み合わせで木の色合いに個性が出る。

## エドヒガン
Prunus spachiana f. ascendens
バラ科　落葉樹
本州・四国・九州

低山から山地の岩場に生える。樹高は15〜20メートル。花は直径約2センチで葉が開く前に咲く。葉や花の柄、萼には短い毛が多い。萼にくびれがあり、つぼみがひょうたんの形になることからヒョウタンザクラと呼ばれることがある。

## アセビ
Pieris japonica subsp. japonica
ツツジ科　常緑樹
本州・四国・九州

低山から山地の乾いた林に生える。植物全体が有毒。樹高約3メートル。白い花は長さ約7ミリのつぼ形で下向きに咲き、ふさになりたれ下がる。雄しべの葯の先に2本ずつひげがある。蜜を吸いに来たハチがひげに触れると、葯がゆれて花粉がこぼれハチにつく。

# トサミズキ
Corylopsis spicata
マンサク科　落葉樹
四国(高知県)

低山の蛇紋岩地の明るい林に生える。樹高3メートルほど。花は長さ約1センチで淡い黄色。下向きに短い穂になり、葉が開くよりも先に咲く。花や秋の黄葉が美しく、全国で庭木や街路樹として植えられる。野生のものは高知県にしかないため、土佐の名がついた。

# キブシ
Stachyurus praecox var. praecox
キブシ科　落葉樹
北海道(南部)・本州・四国・九州

低山の明るい林に生える。樹高3メートルぐらい。花は葉よりも早く開き、淡い黄色。長さ約8ミリのつりがね形の花が長さ5〜15センチのたれ下がった穂になって咲く。黄色い穂がたくさんぶら下がり春の山道でよく目立つ。

# アブラチャン
Lindera praecox var. praecox
クスノキ科　落葉樹
本州・四国・九州

低山から山地の落葉樹林に生える。樹高7メートルぐらい。5つずつ集まって咲く花は葉よりも先に開く。花は半透明の淡い黄色で直径約4ミリ。秋、果実ができる。果実から油が採れるのでこの名がついた。かつてはこの油が行灯や提灯に使われた。

# サツマイナモリ
Ophiorrhiza japonica var. japonica
アカネ科　多年草
本州(関東地方以西)・四国・九州・沖縄

低山の薄暗い谷沿いに生え、しばしば群れになる。草丈約20センチで葉は深緑。白い花は先が5枚に分かれて星形に開き、直径約1.5センチ。花には甘い香りがあり、夕暮れにガの仲間がやってきて、花びらの筒の奥にある蜜を吸う。

# カテンソウ
Nanocnide japonica
イラクサ科　多年草
本州・四国・九州

低山の湿り気のある木陰に生え、しばしば群れになる。草丈10〜20センチ。雄株(写真)と雌株がある。雄株では枝の先に直径約6ミリの雄花が集まって咲く。白い雄しべは花が開くときにぱちんと弾けて花粉を飛ばす。雌株の葉のつけ根に咲く雌花は緑色で直径約1ミリ。

# ヤマネコノメソウ
Chrysosplenium japonicum
ユキノシタ科　多年草
北海道(南部)・本州・四国・九州・沖縄

明るい林の湿ったところに生える。草丈10センチほど。茎の先に葉が集まり、その中心に直径約4ミリの花が咲く。4枚の花びらは黄緑色で雄しべが黄色。目立つ花ではないが、まわりの緑から中の黄色への移り変わりで、ぼうっと浮き上がって見える。

# シロバナショウジョウバカマ

Helonias breviscapa var. flavida

シュロソウ科　多年草

本州(関東地方以西)・四国

低山から山地の湿った木陰の斜面に生える。地面に広げた葉の中心から花茎が立ち上がり、草丈は10〜20センチ。花は白からクリーム色で、長さ約1.5センチ。ときに葉の先に芽をつけ、そこから地面に根をおろして新しい株をつくることがある。

# トサコバイモ

Fritillaria shikokiana

ユリ科　多年草

四国・九州

低山から山地にかけて、草地や明るい林に生える。草丈10センチほど。茎は地下の球根から1本だけ出て、葉は5枚。花は茎の先に下向きに1つ咲き、長さ約2センチ。白地に紫色の模様がある。高知県の大豊町で最初に見つかり土佐の名がついた。

# ユキワリイチゲ

Anemone keiskeana

キンポウゲ科　多年草

本州(近畿地方以西)・四国・九州

低山の落葉樹林に生える。草丈10〜15センチ。紫がかった葉は白い斑が入る。花は日が当たるときにだけ開き、直径約4センチ。淡い紫のほか、白やピンクの花がある。夏、葉は枯れて球根で休眠する。秋から葉を伸ばして栄養を蓄え、春に花を咲かせる。

# 4月

オオジシバリ
Ixeris japonica

## ハマヒルガオ
Calystegia soldanella
ヒルガオ科　つる性多年草
北海道・本州・四国・九州・沖縄

海岸の砂地に生える。茎は砂の上や砂の中を長くはって広がり、群れをつくる。他の植物に巻きつくこともある。葉はつやがあり肉厚。淡いピンク色の花は直径約5センチ。花びらにある5本の白いすじは、花の中心にある蜜のありかを虫に教えている。

## ルリハコベ
Lysimachia arvensis var. caerulea
サクラソウ科　一年草／多年草
本州(伊豆諸島・紀伊半島)・四国・九州・沖縄

海岸近くの道ばたに生える。草丈10〜20センチ。花は直径約1センチで青く、中心はやや赤っぽい。あざやかな花の色とハコベの仲間に似た葉の形からこの名がついた。熱帯地域を中心に生える植物で、高知県でも特に暖かい室戸岬や足摺岬の近くにだけ見られる。

## ミドリハコベ
Stellaria neglecta
ナデシコ科　越年草
北海道・本州・四国・九州・沖縄

平地から低山にかけて、道ばたや田畑のまわりに生える。草丈10〜20センチ。花は直径約5ミリ。10枚あるように見える白い花びらは、よく見るとV字形で5枚。やわらかい葉はおひたしにして食べられる。春の七草の一つ。

## カラスノエンドウ（ヤハズエンドウ）
Vicia sativa subsp. nigra
マメ科　越年草
北海道・本州・四国・九州・沖縄

道ばたやあぜの草地に生える。巻きひげで
他の植物にからまり全長数十センチ〜1メー
トルになる。赤紫色の花は葉のつけ根に2つ
ずつつき、長さ1.5センチほど。花のあと、長
さ4〜5センチの果実ができる。果実が熟す
と真っ黒になるのでカラスの名がついた。

## カスマグサ
Vicia tetrasperma
マメ科　越年草
本州・四国・九州・沖縄

道ばたやあぜの草地に生える。巻きひげで他
の植物にからまり全長数十センチになる。青
紫色の花は長さ約5ミリ。長い柄の先に2つ
ずつ咲く。花の大きさがカラスノエンドウとス
ズメノエンドウの中間なので、頭文字の「カ」
と「ス」をとって「カス間草」の名がついた。

## スズメノエンドウ
Vicia hirsuta
マメ科　越年草
本州・四国・九州

道ばたやあぜの草地に生える。巻きひげで
他の植物にからまり全長数十センチにな
る。淡い青紫色の花は長さ約3ミリ。長い
柄の先に4つほど集まって咲く。花や果実
がカラスノエンドウよりも小さいのでスズメ
という名がついた。

# タガラシ
Ranunculus sceleratus
キンポウゲ科　越年草
北海道・本州・四国・九州・沖縄

水田や溝などの水辺に生える。植物全体に毒がある。草丈10〜60センチ。花は直径約1センチ。つやのある黄色の花びらが5枚ある。花の中央にある緑の雌しべは、花が咲いているうちから少しずつ細長くなり、長さ1センチ以上の果実（右上）になる。

# ウマノアシガタ
Ranunculus japonicus var. japonicus
キンポウゲ科　多年草
北海道・本州・四国・九州・沖縄

平地から低山にかけて、日当たりのよい湿った草地に生える。植物全体に毒がある。草丈30〜60センチ。黄色の花は直径約2センチのおわん形。花びらの表面には透明の層があり、強いつやがある。きれいなのでつみたくなるが、かぶれることがあるので注意したい。

# カズノコグサ
Beckmannia syzigachne
イネ科　越年草
北海道・本州・四国・九州・沖縄

水田や水路に生える。草丈約50センチ。茎の先の葉の間から花の穂が出てくる。穂の長さは15〜20センチで、初めは緑色。果実が熟してくると薄茶色に変わる。小さなつぶつぶの集まった穂の形がカズノコを思わせることからこの名がついた。

# アカメガシワ
Mallotus japonicus
トウダイグサ科　落葉樹
本州・四国・九州・沖縄

平地から低山の明るいところに生える。樹高10メートルほど。葉は長さ10〜20センチ。若葉は赤い。赤く見えているのは葉の表面にびっしり生えている毛の色。この色から「赤芽柏」の名がついた。成長するにつれて毛が薄くなり、葉は緑に見えるようになる。

# マルバヤナギ
Salix chaenomeloides
ヤナギ科　落葉樹
本州・四国・九州

日当たりのよい河原や湿地に生える。樹高10〜20メートル。花の穂は長さ3〜7センチ。雄株と雌株があり、雌株では花のあとに果実ができる。果実は長さ約4ミリ。熟して裂けた果実から白い綿毛のついた種が現れ、風のある日にふわふわと飛んでいく。

# サギゴケ
Mazus miquelii
ハエドクソウ科　多年草
本州・四国・九州

水田のあぜなどに生える。茎は地面をはい、長さ数十センチになる。花は幅約1.5センチ。薄紫色で、花びらの中央は白地にオレンジ色の点がある。真っ白な花をつける株もある。花の形が翼を広げて飛ぶサギの姿に見えることからこの名がついた。

## クサノオウ
Chelidonium majus subsp. asiaticum
ケシ科　越年草
北海道・本州・四国・九州

人里の畑や道ばたに生える。植物全体に毒がある。草丈30～60センチぐらい。4枚の黄色い花びらがある花は直径約2センチ。たくさんある雄しべは黄色で雌しべ1本だけが緑色。茎や葉を傷つけて出るオレンジ色の汁は、肌がかぶれるので触らないように注意したい。

## ニガナ
Ixeridium dentatum subsp. dentatum
キク科　多年草
北海道・本州・四国・九州・沖縄

日当たりのよい草地に生える。草丈50センチほど。花は直径約1.5センチで5枚の黄色い花びらがある。白い花びらの株もときどき見られる。雌しべは花粉がつかなくてもふくらんで種をつくる。茎や葉に含まれる白い液が苦いことから「苦菜」の名がついた。

## ジシバリ（イワニガナ）
Ixeris stolonifera var. stolonifera
キク科　多年草
北海道・本州・四国・九州・沖縄

平地から山地にかけて水田のあぜや日当たりのよい道ばたに生える。冬はたくさんの葉が一つの株になっている。春、5～15センチの花茎が立ち上がり、直径約2センチの黄色の花が咲く。同じころ、株から地面をはう茎を伸ばし、根をおろして新しい株をつくる。

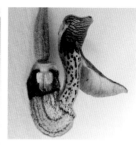

筒の奥に雄しべと雌しべ
があり、匂いにつられたハ
エが入り込み授粉する。
筒には下向きの毛があ
り、すぐには出られない。

# オオバウマノスズクサ
Aristolochia kaempferi
ウマノスズクサ科　つる性落葉樹
本州（関東地方以西）・四国・九州

海岸から山地の日当たりのよい林のまわりに生える。つるは全長数メートルに
なる。花は曲がった筒形で先は直径2センチほどに広がり、長さ約4センチ。花
びらはクリーム色に紫のすじの模様がある。葉は大きくくびれたハート形。この
葉には鳥がきらう毒素が含まれている。ジャコウアゲハというチョウの幼虫は春
から夏にこの葉だけを食べて、毒素を体にため、鳥に食われないようにする。

# ヘビイチゴ
Potentilla hebiichigo
バラ科　多年草
北海道・本州・四国・九州・沖縄

日当たりのよい湿った草地に生える。茎は
地面をはって広がり、草丈5～10センチ。黄
色の花は直径約1.5センチ。果実は赤く熟
し直径約1センチで甘くない。果実の焼酎
漬けは炎症やかゆみに効くといわれ、虫刺
されの薬として使われる。

# ヤエムグラ
Galium spurium var. echinospermon
アカネ科　越年草
北海道・本州・四国・九州・沖縄

日当たりのよい道ばたや林のまわりに生える。草丈は30〜50センチ。クリーム色の花は直径約2ミリ。節ごとに6〜8枚の細い葉が輪になってつく。葉の裏と茎には下向きの細かいとげがあり、まわりに引っかかって育つ。ちぎった葉を服にくっつけて遊べる。

# キュウリグサ
Trigonotis peduncularis
ムラサキ科　越年草
北海道・本州・四国・九州・沖縄

平地から低山にかけて道ばたや畑に生える。草丈10〜30センチ。花は直径約3ミリで水色。花の中心には黄色い輪がある。花の穂には葉がない。穂は初めくるくる巻いていて、下から巻きがほどけていく。葉をもむとキュウリの香りがするというのでこの名がついた。

# ハナイバナ
Bothriospermum zeylanicum
ムラサキ科　越年草
北海道・本州・四国・九州・沖縄

平地から低山にかけて道ばたや畑に生える。草丈10〜20センチ。花は直径約4ミリで水色。花の中心には白い輪がある。花の穂には長さ5ミリほどの葉がたくさんあり、葉1枚ごとに花が1個ずつつく。花と葉のつき方から、「葉内花」の名がついた。

44

# オドリコソウ
Lamium album var. barbatum
シソ科　多年草
北海道・本州・四国・九州

平地から低山にかけて、道ばたや林のまわり
に生える。草丈40〜60センチ。花の長さは3
〜4センチで葉の陰に輪になって咲く。花の
色は地域によって白やピンク、淡い黄色など。
高知県ではピンクの花が多い。花の根元は筒
になっていて蜜がたまり、なめると甘い。

# キツネアザミ
Hemisteptia lyrata
キク科　越年草
本州・四国・九州・沖縄

人里の草地に生える。草丈50〜100セン
チ。花は直径約1.5センチで、突き出た花
びらと雌しべと雄しべはピンク色。外側の
花びらがしだいにたれ下がる。アザミに似
ているがトゲがなく花のつくりも違うので、
キツネが化けたアザミという名がついた。

# コメガヤ
Melica nutans subsp. nutans
イネ科　多年草
北海道・本州・四国・九州

山地の落葉樹林のほか、高知県では低山の
蛇紋岩地に生える。茎は長さ20〜50センチ
で、先はしなってたれる。長さ約7ミリの薄緑
の小穂が茎の片側に下向きに並んでつく。
小穂には花が2つずつ入っている。小穂の形
が米粒に似ているのでこの名がついた。

## ヒメハギ
Polygala japonica
ヒメハギ科　多年草
北海道・本州・四国・九州・沖縄

平地から山地にかけて、明るく乾燥した林や草地に生える。草丈10センチほど。花は幅約1センチで赤紫。細い枝には花がよくつき、足元でふんわりと赤紫の花束のようになる。虫めがねでのぞいてみると、ふさふさしたひげのある花の形が面白い。

## ニオイタチツボスミレ
Viola obtusa
スミレ科　多年草
北海道(南部)・本州・四国・九州

日当たりのよい乾燥した草地や落葉樹林に生える。草丈5〜15センチ。花は直径1.5〜2センチで、赤紫から紫。中心にはっきりした白い部分がある。花茎は短い毛が密生してビロード状になっている。花によい香りがあることからこの名がついた。

## ナガバタチツボスミレ
Viola ovato-oblonga
スミレ科　多年草
本州(中部地方以西)・四国・九州

平地から低山の木陰に生え、岩場に多い。草丈5〜20センチ。青紫色の花は直径約1.5センチ。花茎は毛がない。葉はハート形で、葉脈や葉の裏がしばしば紫色。花が咲き進むにつれて後から出てくる葉がしだいに細長くなることからこの名がついた。

# ツボスミレ
Viola verecunda var. verecunda
スミレ科　多年草
北海道・本州・四国・九州

平地から山地にかけて、湿地や水田のあ
ぜ、湿った道ばたなどに生える。草丈5〜
15センチ。花は直径約1センチで白地に紫
のすじが入る。上の2枚の花びらがしばし
ばよじれてそり返り、花は横長な形になる。
スミレ科では花の小さな種類。

# アリアケスミレ
Viola betonicifolia var. albescens
スミレ科　多年草
本州・四国・九州

平地から低山にかけて、湿った道ばたや水
田のあぜに生える。草丈5〜10センチ。花
は直径約2センチで、白地に紫のすじが入
る。すじの入り方は花によって違いがあり、
ほとんど真っ白の花もあれば、写真のよう
にすじの多く入る花もある。

# アカネスミレ
Viola phalacrocarpa
スミレ科　多年草
北海道・本州・四国・九州

低山から山地の明るい草地に生える。草丈
5〜10センチ。葉は長さ2〜5センチで細
かい毛におおわれ、茎や花びらも毛が多
い。花は直径約1.5センチで赤紫から青
紫。花の中心は閉じぎみ。上側の2枚の花び
らはややそり返っていることが多い。

## フジツツジ
Rhododendron tosaense
ツツジ科　半常緑樹
本州(和歌山県)・四国・九州

低山の林のまわりや岩場などに生える。樹高2メートルぐらい。ピンクの花は直径2〜3センチのろうと形。葉は細く、花の時期には前年の葉が残っていて、春の若葉は花よりも後に開く。花が小さく枝ぶりがきゃしゃなことから「雌つつじ」とも呼ばれる。

## オンツツジ
Rhododendron weyrichii var. weyrichii
ツツジ科　落葉樹
本州(紀伊半島)・四国・九州

低山から山地の乾いた林に生える。樹高5メートルぐらい。朱色の花は直径4〜5センチのろうと形。葉は幅広で枝先に3枚ずつつき、花と同じ時期に開く。メンツツジ(フジツツジ)と対照的に、大きい朱色の花が咲くことから「雄つつじ」の名がついた。

## コバノタツナミ
Scutellaria indica var. parvifolia
シソ科　多年草
本州(関東地方以西)・四国・九州

低山の道ばたや木陰の岩場に生える。草丈5〜20センチ。葉にはビロード状の毛が生えている。花は青紫で長さ約2センチの筒になり、筒のつけ根でほぼ直角に折れ曲がって立ち上がる。立ち上がって一方向に咲く花の様子を波に見立てて「立浪草」の名がついた。

秋には長さ約10センチ
の果実ができる。果実は
熟すと縦に裂け、中の白
い果肉は甘くて食べられ
る。

# アケビ
Akebia quinata
アケビ科　つる性半常緑樹
本州・四国・九州

平地から山地に生える。つるの全長は数メートルになる。楕円形の小葉が5枚
一組になっている。花は白から薄紫。大きい雌花(中央手前)は直径約3センチ、
小さい雄花(中央後ろ)は直径約2センチ。花は蜜を出さないが、虫が雄花の雄
しべにある花粉を食べにやって来る。たいていの植物で雄しべと雌しべは色が
違うが、アケビの雄しべと雌しべはどちらも紫色。同じ色なので、花粉のない雌
しべにも間違えて虫がとまり授粉する。

# ミツバアケビ
Akebia trifoliata subsp. trifoliata
アケビ科　つる性落葉樹
北海道・本州・四国・九州

平地から低山の林のまわりに生える。全長
10メートルほどになる。花はたれ下がった穂
になり、濃い赤紫。雌花(中央)は直径約2セ
ンチで穂の元の方にまばらにつく。雄花(下)
は直径約5ミリで穂の先にまとまってつく。小
葉が3枚ずつつくのでこの名がついた。

# クロバイ
Symplocos prunifolia var. prunifolia
ハイノキ科　常緑樹
本州(関東地方以西)・四国・九州・沖縄

平地から低山の常緑樹林に生える。樹高約10メートル。葉は暗い緑色で厚く、つやがある。白い花は若葉が開くのと同じ時期に咲き、直径約8ミリ。長さ数センチの穂になる。黒っぽい葉の上に白い花が咲く姿で遠くからでも見つけられ、近づくと甘い香りがする。

# ナツトウダイ
Euphorbia sieboldiana var. sieboldiana
トウダイグサ科　多年草
北海道・本州・四国・九州・沖縄

低山から山地の木陰に生える。植物全体が有毒。草丈15～30センチ。茎の中ほどに楕円形の葉が5枚、輪になってつき、茎は5本に分かれる。分かれた茎の先には三角形の葉が2枚向かい合ってつき、2枚の葉にはさまれるようにして直径7ミリほどの花が咲く。

# フデリンドウ
Gentiana zollingeri
リンドウ科　越年草
北海道・本州・四国・九州

日当たりのよい乾いた草原や明るい林に生える。草丈は約10センチ。花は青紫色で長さ約1.5センチ。しばしば茎や葉が見えないほどたくさんの花が咲く。花は晴れた日の日中にだけ開き暗くなると閉じる。つぼみが筆の穂先に似ていることからこの名がついた。

蜜はかたい花びらの奥に守られている。木に穴を掘って暮らすクマバチは力が強く、花びらを押し広げて蜜を吸える。

## フジ
Wisteria floribunda
マメ科　つる性落葉樹
本州・四国・九州

低山の川岸などに生える。つるは全長10〜20メートル。しばしば川岸の林をおおうほどに大きく育つ。まれに根回りの直径が1メートルにもなることがある。花の穂は垂れ下がって長さ20〜40センチ。花は長さ約2センチで穂の元から先へと咲き進む。花の色は淡い紫が多いが、白いものもたまに見られる。観賞用に栽培される。中でもピンク色の花の咲くものや花の穂が長さ1メートル近くになるような、野生では珍しいものが選んで増やされている。

## イタドリ
Fallopia japonica var. japonica
タデ科　多年草
北海道（南部）・本州・四国・九州・沖縄

平地から山地にかけて日当たりのよい道ばたに生える。草丈1〜3メートル。春に地下茎から伸びてくる茎は、大きな株では直径4センチになる。葉が開く前の若い茎は高知県ではおなじみの食材で、酸味を抜いて炒め物や煮物にする。

## コバノガマズミ
Viburnum erosum var. erosum
レンプクソウ科　落葉樹
本州（関東地方以西）・四国・九州

平地から山地にかけて、日当たりのよい林に生える。樹高約4メートル。白い花は枝先に集まって咲き、直径約6ミリで蜜がある。花の集まりは平らになっている。ハチやハナアブなどいろいろな虫が歩き回って蜜を吸うことで、受粉できるようになっている。

## カナクギノキ
Lindera erythrocarpa
クスノキ科　落葉樹
本州（関東地方以西）・四国・九州

低山から山地の落葉樹林の谷沿いなどに生える。樹高15メートルほど。枝は明るい灰色。春、枝先の芽から淡い緑の葉が上向きに広がり、同時に葉の下にたくさんの花がふさになって下向きに咲く。花は直径約5ミリで、黄緑色の花びらが6枚ある。

## ウリカエデ
Acer crataegifolium
ムクロジ科　落葉樹
本州・四国・九州

低山から山地の明るい林に生える。樹高約5メートル。花は黄緑色の花びらが5枚あり、直径約8ミリ。長さ4センチほどのたれ下がった穂になる。花には2つに分かれた雌しべがある。秋には平べったいプロペラ状の果実が2個ずつついて風に飛ばされる。

6月ごろ、果実はオレンジ
色に熟す。熟した果実は
直径約1.5センチで甘く
て食べられる。

# ヒメコウゾ
Broussonetia monoica
クワ科　半つる性落葉樹
本州・四国・九州・沖縄

低山の川岸や林のまわりに生える。樹高5メートルほど。枝はしなやかで、先の
方はしばしばつる状になる。花の集まりは直径約1センチ。雌花は枝先寄りにつ
き(中央)、細い赤紫の雌しべがふさふさしている。雄花は枝元寄りにつき(左
下)、クリーム色の雄しべが目立つ。雄しべの花粉が風に飛ばされて他の木の雌
しべに受粉すると果実ができる。和紙の原料になるコウゾの仲間。

# ヤマブキ
Kerria japonica
バラ科　落葉樹
北海道(南部)・本州・四国・九州

低山の明るい林や川岸に生える。高知県で
は中部に多く生え、東部と西部にはまれ。
樹高1〜3メートル。花は直径約5センチ。花
の色から、あざやかな赤みがかった黄色を
山吹色と呼ぶ。ひょろりと伸びた枝の上に
並んで花が咲き、いつも風に揺れている。

## エビネ
Calanthe discolor var. discolor
ラン科　多年草
北海道(南部)・本州・四国・九州・沖縄

低山から山地の明るい林に生える。草丈約
40センチ。花は幅約3センチ。6枚の花びらの
うち下側の1枚は唇弁(しんべん)と呼ばれる。花の色は
えんじ色の花びらに白い唇弁の株(写真)が
多い。ときに花びらがオレンジ色や明るい黄
緑、唇弁がピンクなど色の異なる株もある。

## シュンラン
Cymbidium goeringii var. goeringii
ラン科　多年草
北海道(南部)・本州・四国・九州

平地から低山の乾いた林に生える。草丈
15〜30センチ。茎の先に花が1個つく。花
は幅約4センチ。花びらは黄緑に赤紫のす
じや点々が入るものが多い。花の色や葉の
模様が変わった様々な品種があり、観賞用
に栽培されている。

## トサノアオイ
Asarum costatum
ウマノスズクサ科　多年草
四国(高知県東部)

平地から低山の常緑樹林に生える。地下茎
からハート形の葉が数枚出て株を作る。花は
直径約3センチ。花びらの外側はクリーム色
に赤紫の点があり、内側は赤紫。株元で落ち
葉やコケに埋もれて咲く。花を見つけるには4
月ごろ、葉の下をそっとかき分けるとよい。

袋状の花びらには半透明の窓のような部分がある。入り込んだハチは明るいほうへと進み、授粉しながら花から脱出する。

# クマガイソウ

Cypripedium japonicum var. japonicum

ラン科　多年草

北海道(南部)・本州・四国・九州

低山の林の中、木もれ日のあるようなところに生える。地下茎を伸ばして大きな群れをつくる。草丈30〜50センチ。葉は茎の中ほどにつき、扇(おうぎ)を広げたような形。2枚の葉が向かい合って茎を取り囲む。花は長さ6〜8センチで葉の上に突き出た柄の先に咲く。6枚の花びらのうち下側の1枚は唇弁(しんべん)と呼ばれ、袋状になっている。マルハナバチの女王バチが巣づくり場所を探して袋の中へ入り込み、授粉するといわれている。

# キンラン

Cephalanthera falcata

ラン科　多年草

本州・四国・九州

低山の明るい林のコナラの木の近くに生える。草丈70センチぐらいまで。黄色の花は直径約1センチで、上向きに半開きに咲く。ベニタケなどのキノコがコナラの根に共生*して育ち、そのキノコの菌糸*から栄養をもらってキンランが育つ。

# キシツツジ
Rhododendron ripense
ツツジ科　半常緑樹
本州（中国地方）・四国・九州（北部）

低山の川岸で、増水*したとき川の流れに沈むような岩場に生える。樹高1～2メートル。枝や葉は丈夫でしなやかにできている。他の植物が水の勢いで折れて流されてしまっても折れずに川岸で育つ。ピンクの花は直径約5センチで濃いピンクの点々がある。

# セキショウ
Acorus gramineus var. gramineus
ショウブ科　多年草
本州・四国・九州

低山の水辺に群がって生える。草丈40センチぐらい。茎の先にある花の穂は太さ約5ミリ。穂には六角形のクリーム色の雌しべがびっしりと並び、そのすき間に雄しべと花びらがはさまっている。細長い葉には独特の香りがある。

# タニギキョウ
Peracarpa carnosa var. carnosa
キキョウ科　多年草
北海道・本州・四国・九州

低山から山地の谷沿いの湿った木陰に生える。草丈5～10センチぐらい。花びらの先が5枚に分かれた白い花は長さ約8ミリ。雌しべは先が3つに分かれ、そのつけ根には5本の雄しべがある。とても小さいながらキキョウの仲間と同じ花のつくりをしている。

雌株では夏、果実が黒く
熟す。果実は直径約1
センチで甘味があり、鳥
が食べに来る。

# コバノハナイカダ
Helwingia japonica var. parvifolia
ハナイカダ科　落葉樹
本州(関東地方以西)・四国・九州

低山の谷沿いに生える。樹高は2〜3メートル。葉は長さ3〜6センチ。葉の柄から花までの葉脈は花から先の葉脈より太くなっている。花は葉の真ん中に咲く。葉の中に花が咲くようになったのは、離れていた花の柄が葉にくっついたから、と考えられている。雄株と雌株がある。雄花も雌花も直径約4ミリで3〜4枚の花びらがあり緑色。雄株(写真)は葉の上に1〜7個の雄花をつける。雌株は葉の上に1〜2個の雌花をつける。

# シロバナハンショウヅル
Clematis williamsii
キンポウゲ科　つる性落葉樹
本州・四国・九州

低山の日当たりのよい岩場に生える。高知県では中部に分布し、石灰岩地にだけ生える。葉の柄の部分で木にからみつき、全長数メートルになる。花は下向きのおわん形で直径約3センチ。咲き初めは薄緑の花びらが、クリーム色になり、やがて白くなる。

花びらの筒の先にある
蜜腺*から蜜が出る。花
びらを透かしてみると、筒
先に蜜がたまっているの
が分かる。

# ヒメイカリソウ
Epimedium trifoliatobinatum subsp. trifoliatobinatum
メギ科　多年草
四国・九州

低山の草地や日当たりのよい林に生える。草丈20〜30センチ。枝先にたれてつ
く白い花は直径2〜3センチ。細長い8枚の花びらがある。そのうち4枚は筒に
なっていて蜜がためられる。口先の長いハナバチが揺れる花にぶら下がりなが
ら筒に口先を差し込んで蜜を吸い、授粉する。他の虫には蜜が吸えないので、
ヒメイカリソウは口先の長いハナバチ専用の蜜源になっている。花の形が船の
いかりに似ているのでこの名がついた。

# ヤハズマンネングサ
Sedum tosaense
ベンケイソウ科　多年草
四国(徳島県・高知県)

低山の石灰岩の岩場に生える。高知県中部
が主な生育地で、明治時代に見つかった。近
年、徳島県と韓国の済州島にもわずかに分布
することが分かった。草丈は約10センチ。花
は黄色で直径約1センチ。葉の先の小さな切
れ込みを矢筈*に見立ててこの名がついた。

花粉は花の中心にある。花にぶら下がって花粉を集めることのできる、器用なハナバチの仲間だけがやって来る。

# サイコクイカリソウ
Epimedium diphyllum subsp. kitamuranum
メギ科　多年草
本州(淡路島)・四国

低山の草地や日当たりのよい林に生える。草丈20～30センチ。枝先にたれてつく白い花は直径1～2センチ。まるい8枚の花びらがある。この花は蜜を出さないため、授粉をするのは蜜ではなく花粉を集めてまわる小さなハナバチの仲間。ハナバチの成虫は花粉を食べないが、巣へ持って帰って幼虫の餌にするために花粉を集める。このときハナバチの体についた花粉が他の花の雌しべについて授粉する。

# マルバアオダモ
Fraxinus sieboldiana
モクセイ科　落葉樹
北海道・本州・四国・九州

低山から山地の明るい林に生える。樹高約8メートル。白い花は長さ6ミリほど。4枚の細い花びらがあり、雄花には2本の雄しべ、両性花*にはさらに1本の雌しべがある。たくさんの花が枝先に集まって咲き、遠目に見るともやがかかったように見える。

## ケクロモジ
Lindera sericea var. sericea
クスノキ科　落葉樹
本州(中国地方)・四国・九州

低山の落葉樹林の谷沿いなどに生える。樹高約4メートル。淡い黄緑色の花は、6枚の花びらがあり直径約5ミリ。春、枝先よりも下にある芽からまず花が開き、遅れて枝先のとがった芽から毛の多い葉が開く。新芽のついた緑の枝は、年々黒っぽくなっていく。

## コンロンソウ
Cardamine leucantha var. leucantha
アブラナ科　多年草
北海道・本州・四国・九州

低山から山地の湿った木陰に生える。草丈は30〜70センチ。地面を長くはう茎の先に新しい株をつくり群れになる。花は4枚の白い花びらがあり直径約1センチ。高知県では山地に多く見られるが、仁淀川流域だけは河口近くまで下りてくる。

## ベニシダ
Dryopteris erythrosora
オシダ科　多年草
本州・四国・九州・沖縄

常緑樹林など暗い林の中の地面に生える。長さ30〜70センチの葉が株立ちになる。赤い葉(中央)は春に出てきたばかりの若葉。一月ほどで緑に変わる。緑の葉(左)は前年以前の春に出た古い葉。若葉が赤いことから「紅しだ」の名がついた。

# ユキモチソウ

Arisaema sikokianum

サトイモ科　多年草

本州（近畿地方）・四国・九州

低山の谷沿いの林に生える。石のごろごろしたような斜面に多い。草丈30〜60センチ。茎の先には仏炎苞があり、茎を取り巻いて長さ約5センチの筒になっている。花は、この筒の中にある茎にびっしりとついて穂になっている。仏炎苞の開いたところから見える穂先は真っ白でまるくふくらみ、中はスポンジ状。この穂先の色と形から「雪餅草」の名がついた。穂先の香りと白い色につられたキノコバエが筒の中へ入り込む。

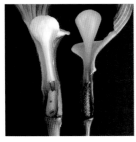

雄花は紫色で（右）雌花は緑色（左）。同じ株でも小さいうちは雄花が咲き、株が太ると雌花が咲く。

雄株の仏炎苞はすそにすき間があり（右）、花粉まみれの虫が出ていく。雌株はすき間がなく（左）、虫は中でうろついて授粉する。

# シコクチャルメルソウ

Mitella stylosa var. makinoi
ユキノシタ科　多年草
四国・九州

低山から山地の谷沿いの水辺に生える。草丈は10〜25センチ。葉は根元に数枚あり、色は濃い緑で脈にそって紫に色づく。花はまばらな穂になって横向きに咲き、赤紫色で直径約5ミリ。5本に枝分かれした細い花びらが5枚ある。花の匂いに誘われ、ミカドシギキノコバエというカに似た虫が蜜を吸い、授粉する。四国で初めに見つかったことと、花や果実の形からこの名がついた。

花(写真)や果実が楽器のチャルメル(チャルメラ)に似た形をしている。

# イチリンソウ

Anemone nikoensis
キンポウゲ科　多年草
本州・四国・九州

低山から山地にかけて、草地や落葉樹林に生える。草丈15〜30センチ。茎の中ほどの1カ所に3枚の葉がつく。花は5枚の白い花びらがあって直径約4センチ。たいてい1本の茎に花が1輪だけ咲くのでこの名がついた。仲間にニリンソウやサンリンソウもある。

# トサノミツバツツジ
Rhododendron dilatatum var. decandrum
ツツジ科　落葉樹
本州(近畿地方以西)・四国

山地の日当たりのよい岩場やがけに生える。樹高2〜3メートル。赤紫の花は直径約4センチで、枝先にたいてい3個ずつ咲く。葉は花よりあとに開き、枝先に3枚ずつつく。高知県の横倉山（よこぐらやま）で最初に見つかったことから土佐の名がついた。

# ヤマヤナギ
Salix sieboldiana var. sieboldiana
ヤナギ科　落葉樹
本州(近畿地方以西)・四国・九州

低山から山地の日当たりのよいがけや斜面に生える。樹高約3メートル。淡い緑の若葉とともに、長さ約5センチのクリーム色の花の穂が現れる。ヤナギの仲間は池や川のまわりの湿ったところに生えるものが多いが、ヤマヤナギは乾いたところに生える。

# ヒトリシズカ
Chloranthus quadrifolius
センリョウ科　多年草
北海道・本州・四国・九州

低山から山地の木陰に生える。草丈は10〜20センチ。茎の中ほどに、つやのある長さ約5センチの若葉が4枚、茎を取り囲んでつく。茎の先は長さ3センチほどの白いブラシ状の花の穂になる。花には花びらがなく、雄しべが白く目立っている。

# 5月

トサシモツケ

Spiraea nipponica var. tosaensis

## ハマボウフウ
Glehnia littoralis
セリ科　多年草
北海道・本州・四国・九州・沖縄

海岸の砂地に生える。葉は光沢があり、砂地にはりつくように広がる。茎は高さ10センチ以下。白い花は直径約4ミリで集まってまるく咲く。集まった花のつく枝は柔らかい毛におおわれていて真っ白に見える。根は真下へ伸び、深さ1メートル近くになる。

## ハマボッス
Lysimachia mauritiana var. mauritiana
サクラソウ科　越年草
北海道・本州・四国・九州・沖縄

海岸に生え、主に岩のすき間や石のごろごろしたところに生える。草丈10～40センチ。葉は光沢があって肉厚。高知県のハマボッスの花は白く、直径約1センチ。沖縄県のハマボッスはピンクの花が咲き、多くは砂浜に生えている。

## ハマツメクサ
Sagina maxima
ナデシコ科　一年草／多年草
北海道(南部)・本州・四国・九州・沖縄

海岸の岩の間や海岸近くの道ばたに生える。草丈5～20センチ。花は白い花びらが5枚あり、直径約5ミリ。葉は細くてつやがある。近ごろは人に運ばれて、海岸以外の内陸でもコンクリートのすき間などに見られるようになってきている。

果実は直径約1センチ。冬に黒く熟し、枝は重みでたれ下がる。中には大きい種が1個あり、果肉は少ないが甘い。

# シャリンバイ
Rhaphiolepis indica var. umbellata
バラ科　常緑樹
本州・四国・九州・沖縄

日当たりのよい海岸の岩場などに生える。樹高4メートルぐらいになる。白い花は直径約1.5センチで甘い香りがある。雄しべが約20本と雌しべが1本ある。雄しべは初め白いが、花粉が出たあとはしだいに赤く色づく。海岸の塩分や強風に耐える性質から刈り込みや土ぼこりにも強いため、道路の植え込みに適している。寒さには弱いので、暖かい地方で街路樹として植えられている。

# ノイバラ
Rosa multiflora var. multiflora
バラ科　半つる性落葉樹
北海道(南部)・本州・四国・九州

河原や道ばた、林のまわりなど日当たりのよいところに生える。茎はややつる状で他の樹木などによりかかって伸び、高さ3メートルぐらいになる。花は直径約2センチで、白またはピンク色。たくさんの花が集まり、次々と華やかに咲く。

67

## コキンバイザサ
Hypoxis aurea
キンバイザサ科　多年草
本州・四国・九州・沖縄

日当たりのよい草地に生える。草丈約20セ
ンチ。長い毛の生えた細い葉が十数枚あ
る。花は根元から出る長さ5センチぐらい
の茎の先につき、直径約1センチ。黄色の花
びらが6枚あり、花びらの先にも長い毛が
生えている。晴れた日の午前中にだけ開く。

## ミヤコグサ
Lotus corniculatus var. japonicus
マメ科　多年草
北海道・本州・四国・九州・沖縄

平地の日当たりのよい草地に生え、川の堤
防などによく見られる。茎は地面をはって
広がり、草丈は10〜20センチ。花は長さ1
センチほど。あざやかな黄色で、2〜4個が
集まって咲く。しばしば群れになり、花が咲
くと黄色のじゅうたんのようになる。

## ナワシロイチゴ
Rubus parvifolius var. parvifolius
バラ科　落葉樹
北海道・本州・四国・九州・沖縄

日当たりのよい草地に生える。とげのある茎
は地面をはい、長さ数メートルになる。石垣
や斜面からたれ下がることも多い。花は4月
ごろ咲く。ピンク色の花びらはすぼんだまま
受粉し果実になる。熟した赤い果実は直径1
〜2センチ。甘酸っぱく、生で食べられる。

## ノビル
Allium macrostemon
ヒガンバナ科　多年草
北海道・本州・四国・九州・沖縄

平地から低山にかけて、河原や道ばた、畑のまわりなどに生える。草丈50～80センチ。花は白または薄い紫で、直径約1センチ。果実はできない。花の集まりの中心にできる黒っぽいむかご(写真)や、地下にできる球根で増える。

## トウバナ
Clinopodium gracile
シソ科　多年草
本州・四国・九州・沖縄

平地から低山にかけて、湿った道ばたや水田のあぜに生える。草丈は10～20センチ。花は直径約2ミリでピンク色。萼(がく)は紫がかる。数十個の花の輪が5段ほど積み重なって穂になっている様子が塔(とう)のように見えることからこの名がついた。

## コナスビ
Lysimachia japonica var. japonica
サクラソウ科　多年草
北海道・本州・四国・九州・沖縄

湿り気のある道ばたやあぜに生える。茎は地面をはい、数十センチになる。直径約1センチの花には5枚の黄色い花びらがある。5本の雄しべは花びらの上に乗るように1本ずつつく。雄しべと花びらは互い違いにつくものが多く、コナスビのようなつき方は珍しい。

# カワヂシャ
Veronica undulata
オオバコ科　越年草
本州（関東地方以西）・四国・九州・沖縄

平野部の水田や水路、湿地などに生える。草丈10〜50センチ。冬の間、水中で葉を広げ茂っていることがある。花は直径約3ミリで白地に紫色のすじがある。高知県中部ではよく見かけるが、地方によっては外来種*のオオカワヂシャに押されて減ってきている。

# ケキツネノボタン
Ranunculus cantoniensis
キンポウゲ科　多年草
本州・四国・九州・沖縄

平地から低山にかけて、水田や湿り気のある道ばたに生える。植物全体に毒があり、茎や葉の汁にかぶれることがあるので注意。草丈20〜60センチ。花は直径約1センチ。花びらは5枚で、つやのある黄色。茎には白い毛がびっしりと生えている。

# ミゾコウジュ
Salvia plebeia
シソ科　越年草
本州（関東地方以西）・四国・九州・沖縄

平地の川岸や水田のあぜ、湿った道ばたなどに生え、高知県では中部に多い。草丈20〜50センチ。花は長さ約5ミリで淡い青紫に紫の点々がある。穂の軸と萼は赤紫がかり、青紫の花との色合いが美しい。堤防やあぜの整備によって全国的に数が減ってきている。

## トサシモツケ
Spiraea nipponica var. tosaensis
バラ科　落葉樹
四国(徳島県・高知県)

増水*時に水没する川岸の岩の上に生える。
高知県の四万十川のほか、徳島県の那賀川
と勝浦川に見られる。樹高は2メートルぐら
いまで。白い花は直径約8ミリ。葉が細く、
水没しても水流を受け流し、葉がちぎれたり
枝が折れたりしにくい。

## ノアザミ
Cirsium japonicum subsp. japonicum
キク科　多年草
本州・四国・九州

平地から山地にかけて、日当たりのよい草地
や林のまわりに生える。草丈約1メートル。葉
には鋭いとげがある。花は上向きに咲き、赤
紫で直径4センチほど。花の根元を包んでい
るいがいがの部分は触るとねばつき、イモム
シなどに花を食われないように守っている。

## シラン
Bletilla striata var. striata
ラン科　多年草
本州・四国・九州・沖縄

低山の日当たりのよい湿り気のある岩場に
生える。栽培したものが増えて人家周辺に
よく見られる。草丈は30〜70センチ。花は
直径約5センチで濃いピンク。6枚の花び
らのうち下側の1枚は筒状になっている。白
い花を咲かせる株もある。

# カザグルマ
Clematis patens
キンポウゲ科　つる性多年草
本州・四国・九州

小川のほとりなど湿り気のある明るい林に生え、高知県では主に蛇紋岩（じゃもんがん）の土地に生える。細いつるは全長数メートルになる。葉の柄の部分が他の樹木の枝などに巻きつき茎を支える。花は白または青で上向きに咲く。8枚の花びらは平らに開き、直径10センチ以上になる。雄しべは根元が白く先は紫。全国的に数が減って絶滅の危機にある。花を見つけても取らずに大切に見守ってもらいたい。

羽毛状のしっぽがついた果実は秋から冬に熟す。多数集まって直径約5センチのまるいかたまりになる。

高知県で見られるものは白い花が多いが、まれに青みがかった花をつける株もある。

# スイカズラ
Lonicera japonica
スイカズラ科　つる性半常緑樹
北海道(南部)・本州・四国・九州・沖縄

平地から低山の日当たりのよいところに生える。つるの全長は約5メートル。2個ずつ対になって咲く花は甘い香りがあり、長さ約4センチ。初めは白または薄いピンクで、しだいに黄色に変わる。花の根元の細いところには蜜がたまっていて、吸うと甘い。

# ホタルカズラ
Lithospermum zollingeri
ムラサキ科　多年草
北海道(南部)・本州・四国・九州

日当たりのよい乾燥した草地に生える。茎は地面をはい長さ1メートル以上になる。立ち上がった茎の先に花をつける。花は直径約1.5センチで、赤紫からしだいに青くなる。ぼうっと光っているようにも見える独特の色をホタルの光にたとえてこの名がついた。

# ハマクサギ
Premna microphylla
シソ科　落葉樹
本州(近畿地方以西)・四国・九州・沖縄

海に近い暖地の常緑樹林や内陸の岩場に生える。樹高約5メートル。葉は長さ5～10センチで、若木の葉のふちにあるぎざぎざは成長するとなくなる。花は長さ約8ミリ。咲き初めはクリーム色で、しだいに黄色に変わる。枝や葉を傷つけるとごまに似た香りがする。

# ウツギ
Deutzia crenata
アジサイ科　落葉樹
北海道(南部)・本州・四国・九州

平地から山地にかけて、谷沿いなどの林の
まわりに生える。樹高1〜3メートル。葉は先
のとがった卵形。白い花はうつむいて咲き、
長さ約1.5センチの花びらが斜めに開く。
枝はストロー状になっていて、中が空洞の
ため「空木」の名がついた。

# マルバウツギ
Deutzia scabra var. scabra
アジサイ科　落葉樹
本州(関東地方以西)・四国・九州

低山の日当たりのよい林のまわりに生え
る。樹高1.5メートルぐらい。まるい葉は2
枚ずつ向かい合ってつき、かたい毛が生え
ていてざらざらした手触り。花は白く直径約
1センチで上向きに開く。まるい葉の形から
この名がついた。

# コゴメウツギ
Neillia incisa var. incisa
バラ科　落葉樹
北海道(南部)・本州・四国・九州

低山から山地の日当たりのよい落葉樹林な
どに生える。樹高3メートルぐらい。葉は長
さ2センチから4センチで細かい切れ込み
がある。花は白い花びらが5枚あり、直径約
5ミリ。花びらは細いが萼も白く、いくつかの
の花がまとまって咲くと華やかに見える。

長さ約1センチの果実は夏から秋に見られる。2枚の萼のついた果実の形が「衝羽根*」に似ている。

# コツクバネウツギ
Abelia serrata var. serrata
スイカズラ科　落葉樹
本州(中部地方以西)・四国・九州

低山から山地の明るく乾いた林に生える。樹高約2メートル。花は長さ1〜2センチのろうと形で、白からピンク、または淡い黄色。黄色のものは山地に多い。花のつけ根に2枚の萼がある。葉は生える場所によって大きさが違う。山地に生えるものの葉は大きくて長さ2〜5センチ。低山に生えるもの、特に高知県中部の蛇紋岩地のものの葉は長さ5ミリ〜1センチと小さい。乾燥しやすい蛇紋岩地の環境に耐えるためのしくみといわれる。

# コガクウツギ
Hydrangea luteovenosa var. luteovenosa
アジサイ科　落葉樹
本州(中部地方以西)・四国・九州

低山の木陰に生える。樹高2メートルぐらい。葉は青緑色でつやがある。枝先に集まって咲く花は2種類。直径2センチほどで真っ白に目立つ飾り花と、直径約5ミリで白から黄緑の小さい花がある。小さい花は秋に3本のつのがある果実をつける。

# ヤマビワ
Meliosma rigida
アワブキ科　常緑樹
本州(中部地方以西)・四国・九州・沖縄

温暖な常緑樹林に生える。樹高10メートルぐらい。花は白色で、直径約5ミリ。たくさんの花が枝先に集まって咲く。先のほうが広い葉の形、茎と葉の茶色の毛、花が集まって咲く様子などがビワに似ていて、山に生えることからこの名がついた。

# エゴノキ
Styrax japonicus var. japonicus
エゴノキ科　落葉樹
北海道(南部)・本州・四国・九州

平地から山地の谷沿いに生える。樹高約10メートル。花は白く直径約3センチで、たれ下がって下向きに咲く。花はたくさんの蜜を出す。ぶら下がって揺れる下向きの花から蜜を吸うのは難しく、器用なハナバチの仲間だけが集まってきて授粉する。

# カナメモチ
Photinia glabra
バラ科　常緑樹
本州(中部地方以西)・四国・九州

低山の常緑樹林のまわりや川沿いの林に生える。樹高10メートルぐらいまで。葉はつやがあり、ふちには鋭いぎざぎざがある。白い花は直径約7ミリで枝先に多数集まって咲く。若葉が赤い「赤芽」が「かなめ」に変わってこの名がついたという説がある。

## ネジキ
Lyonia ovalifolia var. elliptica
ツツジ科　落葉樹
本州・四国・九州

やせた土地の明るい林に生える。植物全体に毒がある。樹高約5メートル。花は白く、長さ約8ミリのつぼ形でアセビ(→p32)に似ている。葉の根元から水平に伸びる枝に、たくさんの花が並んで下向きに咲く。秋には紅葉が見られる。

## ガンピ
Diplomorpha sikokiana
ジンチョウゲ科　落葉樹
本州(中部地方以西)・四国・九州

低山の日当たりのよい乾いたところに生える。樹高2メートルぐらい。花は淡い黄色で長さ約8ミリ。枝先に放射状*に集まってつく。樹皮に強い繊維があるため、枝は簡単に折れない。この繊維を使った和紙はすべすべして耐久性が強いという特徴がある。

## イボタノキ
Ligustrum obtusifolium var. obtusifolium
モクセイ科　落葉樹
北海道(南部)・本州・四国・九州

低山から山地にかけて、林のまわりや明るい林の中に生える。樹高約3メートル。灰色の枝の節ごとに葉が2枚ずつつく。長さ約8ミリの白い花は独特の香りがある。花びらの先が4つに分かれて開き、2本のクリーム色の雄しべがわずかに突き出して見える。

## ホオノキ
Magnolia obovata

モクレン科　落葉樹
北海道・本州・四国・九州

低山から山地の谷沿いに生える。樹高20〜30メートル。葉は枝先に集まってつき長さ30〜40センチ。花には甘い香りがあり、直径15〜20センチ。国内に自生*する植物の中では最大。葉は香りがよく抗菌作用があるため、寿司や餅など食品を包むのに使われる。

## サツマスゲ
Carex ligulata

カヤツリグサ科　多年草
本州(関東地方以西)・四国・九州・沖縄

低山の湿った木陰に生える。草丈30〜80センチ。葉は茎の上の方に多くつき、葉のわきに長さ約3センチの花の穂がつく。一番上の穂だけが雄花で、残りの穂はすべて雌花。雌花は一つ一つが果胞*と呼ばれる袋に包まれていて、果実も果胞の中にできる。

## フタリシズカ
Chloranthus serratus

センリョウ科　多年草
本州・四国・九州

低山から山地の木陰に生える。草丈20〜60センチ。茎の先に葉を2枚ずつ、十字の形に4枚つける。花は長さ5センチほどの穂になって1〜3本つく。白い粒のように見えるのが一つの花。3本の白い雄しべが1個の雌しべを包んでいて、花びらはない。

2月から3月ごろ、地下茎
から芽が出る。芽は初め
つるにならず立ち上がる
のでこの名がついた。

# タチドコロ
Dioscorea gracillima
ヤマノイモ科　つる性多年草
本州・四国・九州

低山の明るい林のまわりに生える。つるの全長は3メートルほど。葉は長さ約
10センチのハート形で、葉のふちは細かく波うっている。雄株と雌株がある。雄
花(左)、雌花(右)ともに6枚の花びらがあり直径約4ミリで黄色から黄緑。雄花
は花数が多く細長い穂になってよく目立つが、雌花は花数が少なくまばら。雌花
の花びらの下にある緑色のところがふくらむと直径2センチほどの果実になり、
秋に熟す。

# ユキノシタ
Saxifraga stolonifera
ユキノシタ科　多年草
本州・四国・九州

低山の湿った日陰の岩場などに生える。地
表を長く伸びる細い茎の先に新しい株をつく
る。5枚ある花びらのうち下側の2枚は長さ1
〜2センチで真っ白。上側の3枚は長さ5ミリ
以下で、赤と黄色の点がある。やわらかい若
葉は天ぷらにするとおいしい。

## シライトソウ
Chionographis japonica var. japonica
シュロソウ科　多年草
本州(中部地方以西)・四国・九州

低山の草地や木陰に生える。草丈10〜50センチ。根元から長さ10センチほどの葉が伸び、花茎には小さな葉がつく。6枚の白い花びらのうち2枚は短く、4枚は長さ1センチほどで糸のように細長い。花は茎の上の方に並んで穂になる。穂の部分は茎も白い。

## ギンリョウソウ
Monotropastrum humile
ツツジ科　多年草
北海道・本州・四国・九州

低山から山地の林の中に生える。自分で栄養をつくらず、地中の菌類から栄養を吸収している。草丈20センチほど。花びらも茎も葉も半透明で白い。花は長さ1〜2センチで斜め下向きに咲く。黄色の雄しべと紫色の雌しべがある。

## サカワサイシン
Asarum sakawanum var. sakawanum
ウマノスズクサ科　多年草
四国(徳島県・高知県・愛媛県)

低山の常緑樹林などの木陰に生える。草丈約10センチ。くすんだ緑の葉はハート形で薄い緑の斑が入る。花は葉の陰に隠れて地表に横向きに咲き、直径約5センチ。外側とふちは白く、内側は赤紫色。高知県佐川町で最初に見つかり、この名がついた。

# ナンゴクウラシマソウ
Arisaema thunbergii subsp. thunbergii
サトイモ科　多年草
本州（近畿地方以西）・四国・九州

平地から低山の木陰に生える。全草が有毒。草丈約50センチ。葉は11〜17枚の細い小葉に分かれている。長さ7センチほどの暗い紫色の仏炎苞があり、棒状の花の穂を包む。穂の軸の先は糸状に細くなり、仏炎苞から50センチ以上伸びだす。

# オオハンゲ
Pinellia tripartita
サトイモ科　多年草
本州（中部地方以西）・四国・九州・沖縄

常緑樹林や杉林の湿った日陰に生え、岩場に多い。高知県では安芸市から西に多い。全草が有毒。草丈30〜50センチ。葉は三角形で3つに切れ込む。長さ約10センチの緑または紫の仏炎苞の中に花の穂がある。穂の軸の先は30センチほど仏炎苞から伸びだす。

# アオテンナンショウ
Arisaema tosaense
サトイモ科　多年草
本州（近畿地方以西）・四国・九州

山地の木陰に生える。全草が有毒。草丈約1メートル。葉は7〜11枚の小葉に分かれ、葉先は伸びてとがっている。長さ約10センチの緑色の仏炎苞があり、棒状の花の穂を包む。仏炎苞の先は糸のように細長く伸びる。植物全体が緑色なのでこの名がついた。

## ヒメウツギ
Deutzia gracilis var. gracilis
アジサイ科　落葉樹
本州（関東地方以西）・四国・九州

低山から山地の谷沿いの岩場に生える。樹高は1〜2メートル。花は白い。花の大きさは場所によって様々で、直径7ミリ〜2センチぐらい。似た花の咲く仲間のウツギ（→p74）と比べて、葉が薄くて柔らかく優しい印象があることからこの名がついた。

## カイナンサラサドウダン
Enkianthus sikokianus
ツツジ科　落葉樹
本州（紀伊半島）・四国

低山の乾いた林に生える。樹高約5メートル。数個の花が穂になってたれ下がる。つぼ形の花は長さ約1センチで下向きに咲く。クリーム色の花びらは先が赤みがかる。花が散った後、花の柄は上に曲がり、秋に実る果実は上向きにつく。

## ミヤマハコベ
Stellaria sessiliflora
ナデシコ科　多年草
北海道・本州・四国・九州

低山から山地の木陰の草地に生える。高知県では主に山地に生えるが、仁淀川沿いに限っては河口近くまで見られる。草丈10〜30センチ。白い花は直径1〜1.5センチ。細い花びらが10枚あるように見えるが、よく見るとV字形の5枚の花びらと分かる。

# カヤラン
Thrixspermum japonicum
ラン科　多年草
本州・四国・九州

低山から山地の谷沿いでサクラやスギなど
の大木の樹皮に着生\*する。樹皮にへばりつ
いた根は上へ伸び、茎は下へたれ下がる。茎
の長さは10センチほど。茎の左右に交互に
並んで葉がつく。直径約1センチの黄色い
花が葉のつけ根からたれ下がって咲く。

# マメヅタラン
Bulbophyllum drymoglossum
ラン科　多年草
本州(関東地方以西)・四国・九州・沖縄

低山の常緑樹林に生え、カシやスギなどの
大木の樹皮や岩に着生\*する。茎ははって広
がり長さ数十センチになる。葉は長さ約1セ
ンチで肉厚。薄緑の花は幅1センチほど。肉
厚の小さい葉が並ぶ様子がシダ植物のマメ
ヅタに似ているのでこの名がついた。

# ウリノキ
Alangium platanifolium var. trilobatum
ミズキ科　落葉樹
北海道・本州・四国・九州

低山から山地の谷沿いに生える。樹高5
メートルぐらい。白い花は長さ2～3センチ
で、葉の陰にぶら下がって咲く。花びらは初
めのうち長い筒になっているが、しだいに
裂けて巻き上がり、筒の中に隠れていた黄
色の雄しべと白い雌しべが姿を見せる。

# 6月

コウホネ
Nuphar japonica var. japonica

# ヤマモモ
Myrica rubra
ヤマモモ科　常緑樹
本州(関東地方以西)・四国・九州・沖縄

平地から低山の常緑樹林に生える。樹高約15メートル。雄株と雌株があり、3月ごろ花びらのない花が咲く。高知県の県花。果実ができるのは雌株。濃い赤紫色に熟した果実は甘酸っぱく、生で食べられる。果実を砂糖と漬け込むとヤマモモジュースができる。

# サカキ
Cleyera japonica
サカキ科　常緑樹
本州・四国・九州・沖縄

常緑樹林に生え、薄暗い林内に多く見られる。樹高10メートルほど。葉は黒っぽい緑色で枝に左右2列に交互につく。花は葉のつけ根から下向きに咲き、直径約2センチ。花の色は白からしだいに黄色くなる。神社に植え、枝葉を儀式に用いる。

# ドクダミ
Houttuynia cordata
ドクダミ科　多年草
本州・四国・九州

人里で日陰の湿った場所に生える。長さ約3センチの黄緑色の穂は花の集まり。白い花びらに見えるのは、色や形が変わった葉で苞葉（ほうよう）と呼ばれる。薬草として化膿（かのう）止めなど幅広い効能があり、毒を抑（おさ）える意味の「毒矯（どくた）め」からこの名がついたともいわれる。

果実は長さ約8ミリ。8月
ごろ赤く熟し、枝は重み
でたれ下がる。赤く熟す
木の実は冬に多く、夏に
は少ない。

# サンゴジュ
Viburnum odoratissimum var. awabuki
レンプクソウ科　常緑樹
本州（関東地方以西）・四国・九州・沖縄

暖地の常緑樹林の谷沿いに生える。樹高約10メートル。花は白く、直径約7ミ
リ。甘い香りがある。たくさんのハチやチョウが蜜を吸いに来る。光沢のある厚
い葉は長さ10～20センチ。葉や枝は水分を多く含み、火に強く火災の延焼を
食い止めるといわれる。そのため、しばしば生け垣や公園樹として栽培されてい
る。常緑樹は紅葉しないものが多いが、サンゴジュの葉は秋から冬にしばしば
オレンジや赤に色づく。

# ママコノシリヌグイ
Persicaria senticosa
タデ科　一年草
北海道・本州・四国・九州・沖縄

日当たりのよい道ばたや川岸に生える。草
丈は50センチ～1メートル。茎には鋭いと
げがある。花は枝先にかたまってつき、長さ
約5ミリ。受粉すると花は閉じる。中で果実
が熟し始めると花びらは閉じたまま実を包
み長さ8ミリほどに大きくなる。

# スズサイコ

Vincetoxicum pycnostelma

キョウチクトウ科　多年草

北海道・本州・四国・九州・沖縄

低山の日当たりのよい乾いた草地に生える。草丈40〜80センチ。花は直径約1.5センチ。星形の花びらは紫がかった茶色、または緑。主に夕方から翌日の午前中まで開いているようで、午後には閉じていることが多い。山の草地が人に利用されなくなり、森になったり開発されたりしたことで減っている植物。高知県の他ほとんどの県でレッドリスト*に入っている。

花の中心のかたまりが雄しべと雌しべ。それをつかむ5本指のような花びらと、星形の花びらがある。

# ネジバナ

Spiranthes sinensis var. amoena

ラン科　多年草

北海道・本州・四国・九州

平地から低山にかけて、田畑のあぜや芝生に生える。草丈15〜30センチ。花は長さ約5ミリでピンク色、まれに真っ白。茎の上半分に並んだ花の列がねじれているのでこの名がついた。ねじれの向きは右も左もあり、ほとんどねじれていないものもある。

果実は11月ごろまで見られる。長さ約4センチの果実は2個一組でぶら下がり、熟して裂けると綿毛のついた種が現れる。

# コカモメヅル
Tylophora floribunda
キョウチクトウ科　つる性多年草
本州・四国・九州

平地から低山にかけて、日当たりのよい草地に生え、水田のあぜなどにも見られる。つるは全長数メートルになり、他の草や木に巻きついて成長する。葉は長さ3〜5センチの細長いハート形で、つるの節に2枚ずつつく。葉のつけ根から出る細い枝は細かく枝分かれし、その先にまばらに花がつく。花は赤紫色で直径4ミリほどの星形。花びらの先はしばしば同じ方向にねじれて、風車のような形になっている。

# ヒナギキョウ
Wahlenbergia marginata
キキョウ科　多年草
本州(関東地方以西)・四国・九州・沖縄

平地から低山にかけて、芝生や水田のあぜなど日当たりのよい草地に生える。草丈10〜50センチ。花は細い枝の先に1つずつ咲き、青くて直径7ミリほど。花はとても小さいが、色や形がキキョウ(→p108)に似ていることから「雛ぎきょう」の名がついた。

# オオミクリ
Sparganium erectum var. macrocarpum
ガマ科　多年草
本州・四国・九州

池や水路のほとりに生える。草丈1〜2メートル。花は雄花と雌花があり、それぞれ直径約1センチの球形に集まって咲く。写真で白く見えているのが雄花。すでにふくらんで果実になり始めているのが雌花。クリのいがに似た実ができるので「実栗<ruby>実栗<rt>みくり</rt></ruby>」と呼ばれる。

# ハンゲショウ
Saururus chinensis
ドクダミ科　多年草
本州・四国・九州・沖縄

日当たりのよい水辺に生える。草丈50センチ〜1メートル。茎の先に長さ約10センチの花の穂がつく。花の時期に穂の近くの葉の一部が白く色づく。名前の由来は、半夏生*<rt>はんげしょう</rt>の時期に咲くからという説と、葉が半分白くなる様子から「半化粧<rt>はんげしょう</rt>」だという説がある。

# ヤブヘビイチゴ
Potentilla indica
バラ科　多年草
北海道・本州・四国・九州

平地から低山の木陰に生える。茎は地面をはって広がり、長さ数メートルになる。4月ごろ咲く花は直径約2センチ。果実は直径約1.5センチ。日なたに生えるヘビイチゴ（→p43）よりも果実が一回り大きくて色が濃い。やぶのような日陰に生えるのでこの名がついた。

# カギカズラ
Uncaria rhynchophylla var. rhynchophylla
アカネ科　つる性常緑樹
本州（関東地方以西）・四国・九州

平地から低山の常緑樹林に生える。つるは全長10メートル以上になる。花は細い筒状（つつじょう）でクリーム色。直径約2センチの球形に集まり、ぶら下がって咲く。つるの節ごとにくるりと曲がったとげがあり、「鈎*（かぎ）かずら」の名がついた。

# シタキソウ
Jasminanthes mucronata
キョウチクトウ科　つる性多年草
本州（関東地方以西）・四国・九州

暗い常緑樹林の中などに生える。つるの全長は5メートルほど。葉はつるに2枚ずつ向かい合ってつき、葉のつけ根から出る枝に数個の花がつく。花は甘い香りがあり、直径約4センチ。5枚に分かれた白い花びらがある。花びらの下半分は筒になっていて中に蜜がある。

# コクラン
Liparis nervosa
ラン科　多年草
本州（関東地方以西）・四国・九州

常緑樹林の中などの薄暗い地面に生える。草丈は15～30センチ。葉は茎の根元に2枚か3枚つく。幅約1センチの花は茎の上部に数個から十数個が穂になってつく。花びらは黒紫色。名前は「黒蘭（こくらん）」で、花の色を表している。

# クリ
Castanea crenata
ブナ科　落葉樹
北海道(南部)・本州・四国・九州

低山から山地の明るい林に生える。樹高15メートルぐらい。たくさんの花が集まって長さ約15センチの穂になる。花はほとんどが雄花。雄花には長さ5ミリほどのクリーム色の雄しべがたくさんある。白い雌しべのある雌花は穂のつけ根に数個つく(中央)。強い花の香りにハナバチやハナアブ、ハナムグリなど様々な昆虫が集まり、授粉する。花が終わると雄花は穂の軸ごと地面に落ち、雌花だけが枝に残って果実へと変わっていく。

雌花は緑色のイガの皮に包まれていて、白い雌しべの先だけが皮から突き出ている。

秋、イガが割れると長さ数センチの茶色い果実が1～3個現れる。

## モミジイチゴ
Rubus palmatus var. coptophyllus
バラ科　落葉樹
北海道（南部）・本州・四国・九州

林のまわりや道ばたに生える。樹高約2メートル。4月ごろ、白い花が葉の下にたれ下がって咲く。果実は直径1〜1.5センチでオレンジ色に熟し、食べられる。切れ込んだ葉の形からこの名がついた。たれ下がる特徴から高知県では「サガリイチゴ」とも呼ばれる。

## コジキイチゴ
Rubus sumatranus
バラ科　落葉樹
本州（関東地方以西）・四国・九州

低山の常緑樹林のまわりに生える。樹高1〜2メートルほど。枝と葉には紫がかった毛が密生し、とげもまばらにある。5月ごろ白い花が咲く。果実は直径約2センチでオレンジ色に熟し、甘い。果実の中が空洞になっていることからフクロイチゴとも呼ばれる。

## ヤナギイチゴ
Debregeasia orientalis
イラクサ科　落葉樹
本州（関東地方以西）・四国・九州・沖縄

暖地の海岸近くや岩場のやぶに生える。樹高2〜3メートル。雄株と雌株があり、雌株には直径8ミリほどの果実ができる。果実はオレンジ色に熟し、甘くて食べられる。葉がヤナギのように細く、木イチゴに似た実がなることからこの名がついた。

# ハンカイソウ
Ligularia japonica
キク科　多年草
本州(中部地方以西)・四国・九州

低山から山地の湿った草地に生える。全草が有毒。家畜が食べないため放牧地でよく増える。草丈1〜1.5メートル。葉は複雑に切れ込む。花は数個が茎の先につき直径約10センチで黄色。草地ににょきにょきと突き出て咲く姿が目につきやすい。

# オカトラノオ
Lysimachia clethroides
サクラソウ科　多年草
北海道・本州・四国・九州

低山の日当たりのよい草地に生える。草丈60センチ〜1メートルぐらい。茎の先につく花の穂は長さ20センチほどある。穂先はだんだん細くなりたれ下がる。花は白く直径約8ミリで上向きに咲く。冬、枯れる前の葉は黄色や赤に色づく。

# ウツボグサ
Prunella vulgaris subsp. asiatica var. asiatica
シソ科　多年草
北海道・本州・四国・九州

日当たりのよい草地に生える。草丈10〜30センチ。茎の先に、長さ5〜8センチの花の穂をつける。花は青紫色。咲く順はばらばらで、穂のあちらこちらにぽつぽつと咲いていく。花が咲いた後の穂を乾燥させて煎じたものは利尿剤などとして使われる。

# ヤマアジサイ
Hydrangea serrata var. serrata
アジサイ科　落葉樹
本州・四国・九州

低山から山地の谷沿いの木陰に生える。樹高1.5メートルぐらい。中心部にある直径3ミリほどの花に果実ができる。外側にある直径2センチほどの花は3～4枚の萼（がく）が大きくなった飾り花で果実はできない。飾り花の色は白や水色、ピンクなど様々。

# ホタルブクロ
Campanula punctata var. punctata
キキョウ科　多年草
北海道・本州・四国・九州

日当たりのよい山道の斜面などに生える。草丈は50～80センチ。長さ約5センチのつりがね形の花がぶら下がって下向きに咲く。花の色は白い株と赤紫の株がある。高知県の野生のホタルブクロはほとんどが白い花の株で、花びらは白地に赤紫の点々がある。

# キツリフネ
Impatiens noli-tangere
ツリフネソウ科　一年草
北海道・本州・四国・九州

低山から山地の湿った木陰に生える。草丈40～70センチ。黄色の花はぶら下がって横向きに開き、長さ約3センチ。花の奥はしだいに細く筒になっていて中に蜜がたまる。筒の奥まで届く長い舌をもつトラマルハナバチが花に訪れる。

## クマノミズキ
Cornus macrophylla
ミズキ科　落葉樹
本州・四国・九州

低山の谷沿いの林の明るいところに生える。樹高15メートルほど。枝は横に広がり、段々の重なったような樹形になる。葉脈の中にらせん状の繊維があり、葉をちぎるとほどけて糸を引く。白からクリーム色の花が枝の上に集まって咲く。

## ズイナ
Itea japonica
ズイナ科　落葉樹
本州(近畿地方以西)・四国・九州

低山の谷沿いに生える。高知県での生育地は東部と西部に分かれ、仁淀川と物部川にはさまれた中部では見つかっていない。樹高3メートルほど。長さ10〜15センチほどの細い穂になって咲く花はクリーム色で直径約6ミリ。かすかに爽やかな香りがある。

## サワギク
Nemosenecio nikoensis
キク科　多年草
北海道・本州・四国・九州

低山から山地にかけて、谷沿いなど湿った日陰に生える。草丈約1メートル。葉は深く切れ込む。花は黄色の花びらが数枚あり、直径1センチほど。葉も花もきゃしゃで繊細な植物。薄暗い谷にひっそりと咲き、あざやかな黄色が目にとまる。

# マタタビ

Actinidia polygama
マタタビ科　つる性落葉樹
北海道・本州・四国・九州

低山から山地の谷沿いに生える。全長10メートルほど。花は葉のつけ根からたれ下がって下向きに咲き、白い5枚の花びらがあって直径約2センチ。雄株と雌株に分かれている。花の咲くころになると、花のつく枝先の葉の色が緑から白に変わり、遠くからでも目立つようになる。白く変わった葉は、花の時期がすぎるとしだいに緑に戻る。果実や茎・葉を乾燥させ煎じて飲むと、体を温め神経痛を和らげる効果があるといわれる。

雌花（写真）の黄色い花粉は授粉能力がない。虫が雄花で花粉を集めた後、雌花にも花粉を集めに来ると授粉する。

果実は長さ約3センチ。普通は細長いが（右）、でこぼこした虫えい*（左）は薬効*が特に大きいという。

# ヤマツツジ

Rhododendron kaempferi var. kaempferi

ツツジ科　半常緑樹

北海道（南部）・本州・四国・九州

低山から山地の乾いた林に生える。樹高3メートルほど。花は直径約4センチ。花びらはろうと形で赤から朱色の地に濃い赤の点々がある。高知県では春から初夏にツツジの仲間が次々に咲くが、その中でも一番最後に山で咲く種類。

# ササユリ

Lilium japonicum var. japonicum

ユリ科　多年草

本州（中部地方以西）・四国・九州

明るい落葉樹林や草原に生える。高知県では日高村から梼原町にかけての地域にだけ見つかっている。草丈50センチ〜1メートル。多くは葉に白いふち取りがある。花はピンク色で長さ10センチほど。葉の形が笹に似ているのでこの名がついた。

# ツルシコクショウマ

Astilbe shikokiana var. surculosa

ユキノシタ科　多年草

四国（徳島県・高知県）

山地の落葉樹林に生える。草丈30〜50センチ。長く伸びる地下茎がある。花は白く細い花びらが5枚あり、直径約5ミリ。枝分かれした細い穂になって咲く。地下茎がつる状に長く伸び、四国に生えることからこの名がついた。

# モミジカラスウリ
Trichosanthes multiloba
ウリ科　つる性多年草
本州（伊豆諸島中部地方以西）・四国・九州

低山から山地の林のまわりに生える。全長10メートル以上に育ち、樹木をおおうほどになる。花は直径約5センチでふちはレース状。夕方開き、夜にスズメガの仲間が蜜を吸いにやって来て授粉する。手のひら状に切れ込む葉の形からこの名がついた。

# カキラン
Epipactis thunbergii
ラン科　多年草
北海道・本州・四国・九州

日当たりのよい湿地に生える。草丈30〜60センチ。葉はしわがあり、つけ根は茎を包んでいる。花は直径3センチほどでたれ下がりぎみに咲き、花びらはオレンジ色。名前は花びらの色を熟したカキの果実にたとえてつけられた。

# ミヤマコナスビ
Lysimachia tanakae
サクラソウ科　多年草
本州（紀伊半島）・四国・九州

低山から山地の落葉樹林の谷沿いなどに生える。茎は地面をはい、1メートル近く伸びる。葉はほぼ円形で黒い点々がある。花は直径約1.5センチ。黄色の花びらは5つに分かれている。花の中心が少し赤くなる株がある。名前の「ミヤマ」は深い山という意味。

# 7月

ナツフジ
Wisteria japonica

## ハマオモト
Crinum asiaticum var. japonicum
ヒガンバナ科　多年草
本州（関東地方以西）・四国・九州・沖縄

海岸の砂地に生える。草丈50〜80センチ。花は細い花びらが6枚あり直径約8センチ。花茎の先に集まって咲く。花の奥は細い筒になり蜜がたまっている。花は夕方ごろ開き始め、甘い香りでスズメガの仲間を呼び寄せて受粉する。

## ネコノシタ
Melanthera prostrata
キク科　多年草
本州（関東地方以西）・四国・九州・沖縄

海岸の砂地に生える。茎は地面をはって広がり、全長数メートルになり草丈は10〜30センチ。花は黄色で直径2〜3センチ。葉の表面にはかたい短毛が生えていて手触りがざらざらしている。この感触をネコの舌にたとえてこの名がついた。

## ハマゴウ
Vitex rotundifolia var. rotundifolia
シソ科　落葉樹
本州・四国・九州・沖縄

海岸の砂地に生える。樹高は30センチ〜1メートル。茎は、太いものでは直径15センチになり、砂の上を長くはう。広い範囲に群れをつくる。花は長さ10〜15ミリで薄い青紫色。茎や葉、果実には爽やかな香りがある。冬、乾いた果実を集めて枕の詰め物に使う。

雄しべは暗い灰色で、薬<sub>(やく)</sub>の先に穴がある。花に来たハチのぶーんという翅<sub>(はね)</sub>の振動で、穴から花粉が出てくる。

# ホルトノキ
Elaeocarpus zollingeri var. zollingeri
ホルトノキ科　常緑樹
本州（関東地方以西）・四国・九州・沖縄

海岸に近い温暖な常緑樹林に生える。樹高およそ20メートル。直径約1センチの花は数十個が集まって横向きの穂になり、下向きに咲く。クリーム色の花びらが5枚あり、花びらの先はひげ状に細かく裂けてちぢれている。名前は「ポルトガルの木」という意味。冬に熟す果実の色や形がオリーブに似ていることから、ポルトガル人が持ち込んだオリーブの木と混同されてこの名がついたという。丈夫で栽培しやすいことから高知県では街路樹によく植えられている。

# クワズイモ
Alocasia odora
サトイモ科　多年草
四国・九州・沖縄

海岸近くの常緑樹林に生える。全草に毒がある。草丈50センチ〜2メートル。長さ約10センチの白い穂は雄花の集まり（中央右）。その下に、雌花の集まりが長さ約5センチの緑の皮に包まれている。サトイモに似ているが食べられないのでこの名がついた。

## マルバマンネングサ
Sedum makinoi
ベンケイソウ科　多年草
本州（関東地方以西）・四国・九州

平地から低山の日当たりのよい岩の上に生える。田畑や人家の石垣に生えることも多く、高知城の石垣にも見られる。草丈は10センチほど。茎は地面をはって広がりしばしばたれ下がる。黄色の花は直径約1センチ。葉がまるいことからこの名がついた。

## スベリヒユ
Portulaca oleracea
スベリヒユ科　一年草
北海道・本州・四国・九州・沖縄

日当たりのよい畑や道ばたに生える。茎は枝分かれしながら地面をはって広がり、直径20センチほどの株になる。花は黄色で直径約8ミリ。晴れた日にだけ開く。たくさんある雄しべの一部に軽く触ると、まわりの雄しべがざわざわと動いて触ったところに集まってくる。

## アリノトウグサ
Haloragis micrantha
アリノトウグサ科　多年草
北海道・本州・四国・九州・沖縄

低山の日当たりのよい湿地などに生える。草丈10〜20センチ。赤紫の花は長さ約2ミリで下向きに咲く。咲き初めは雄しべがたれ下がり、続いてふさふさした雌しべが現れる。茎に並んだ花が、塔に登るアリに見えることからこの名がついた。

## ネムノキ
Albizia julibrissin var. julibrissin
マメ科　落葉樹
本州・四国・九州・沖縄

日当たりのよい川沿いなどに生える。樹高約
15メートル。横に張り出した枝の上側に花
が咲く。花は白い筒形の花びらから、ピンク
色で長さ約3センチの雄しべが30本ほど突
き出している。十数個の花が集まって半球形
になる。夕暮れごろから咲き始める。

## ハマボウ
Hibiscus hamabo
アオイ科　落葉樹
本州(関東地方以西)・四国・九州・沖縄

河口や内湾の水辺に生える。樹高3メート
ルぐらい。葉はまるく、裏面に灰色の毛が
密生している。花は直径約5センチ。花びら
は薄黄色で中心だけが濃い赤紫になる。
黄色い雄しべの先に赤紫の雌しべがある。
庭木として栽培されていることも多い。

## ヒルガオ
Calystegia pubescens
ヒルガオ科　多年草
北海道・本州・四国・九州

平地から低山の河原や道ばたに生える。つ
るは全長数メートルになる。花はピンク色
で直径約5センチ。花びらの奥は5つに分
かれ、それぞれに蜜がたまっている。虫が
全部の蜜を吸うために口先を5回差し込む
と花粉がよくついて受粉しやすくなる。

## ヤブマオ
Boehmeria japonica var. longispica
イラクサ科　多年草
北海道・本州・四国・九州

平地から低山の林のまわりに生える。草丈1〜1.5メートル。葉のつけ根から長さ15センチほどの花の穂が伸びる。白い花はすべて雌花で、花びらがなく白い雌しべがふさふさしている。雄花は見つかっていない。雌花は受粉せずに果実をつける。

## ニガクサ
Teucrium japonicum
シソ科　多年草
北海道・本州・四国・九州

平地から低山にかけて、湿った草地や林のまわりに生える。地下茎を伸ばして群れになる。草丈30〜70センチ。長さ約1センチのピンク色の花が穂になって咲く。花の奥は筒になり蜜がたまっている。花びらの先はたれ下がり、やって来たハチがとまる。

## ヒメヤブラン
Liriope minor
クサスギカズラ科　多年草
北海道（南部）・本州・四国・九州・沖縄

日当たりのよい道ばたや草地、海岸の松林などに生える。草丈10〜20センチぐらい。地下茎を伸ばして群生する。葉は幅2〜3ミリ。花は薄い紫の花びらが6枚あり直径5ミリほどになる。雌しべは花の上側寄りに、雄しべは花の下側寄りについている。

果実の赤く熟すカラスウリ（→p197）に対して、黄色く熟すことからこの名がついた。

# キカラスウリ

Trichosanthes kirilowii var. japonica
ウリ科　つる性多年草
北海道（南部）・本州・四国・九州・沖縄

平地から低山の林のまわりに生える。全長5〜10メートルになる。巻きひげで他の木にからみついて育つ。花は夜に開き、夜行性のガの仲間に授粉してもらい、朝までに閉じる。白い花は直径5〜10センチ。5枚に分かれた花びらのふちは糸のように細く分かれている。花は夕方開き始めてから30分ほどですっかり開く。昼間しぼんだ花を目印に見つけておき、日暮れごろに見に行くと花の開いていく様子を観察できる。

# シンジュガヤ

Scleria levis
カヤツリグサ科　多年草
本州（伊豆諸島・近畿地方以西）・四国・九州・沖縄

平地から低山にかけて、日当たりのよい湿った草地に生える。草丈約50センチ。茎は切り口が三角形。葉は幅1センチ弱でつけ根は茎を包む。直径約2ミリの球形の果実は、熟すとつやのある白になる。果実の色と形が真珠のようなのでこの名がついた。

## コオニユリ
Lilium leichtlinii f. pseudotigrinum
ユリ科　多年草
北海道・本州・四国・九州

低山の草地や岩場に生える。茎の長さは1.5メートルぐらいで、がけからたれ下がっていることが多い。花はオレンジ色のそり返った花びらが6枚あり、直径6〜10センチで下向きに咲く。茎が枯れた冬、球根は百合根（ゆりね）として食用にできる。

## キキョウ
Platycodon grandiflorus
キキョウ科　多年草
北海道・本州・四国・九州・沖縄

平地から低山にかけて、日当たりのよい草地に生える。野生で見られる場所が高知県では少なくなっている。草丈50センチ〜1メートル。青い花は直径約5センチで、花びらの先は5枚に分かれている。夏の日差しの中、すっきりとした形の青い花が涼しげに咲く。

## カワラナデシコ
Dianthus superbus var. longicalycinus
ナデシコ科　多年草
本州・四国・九州

低山の草地や河原に生える。草丈30〜60センチ。茎と葉は全体に白っぽい緑色。花は直径約4センチで、花びらの先は細かく裂（さ）けている。青紫の雄しべと白い雌しべがそろった花をつける株と、雄しべがなく雌しべだけの花をつける株（写真）がある。

## ノカンゾウ
Hemerocallis fulva var. disticha
ワスレグサ科　多年草
本州・四国・九州・沖縄

低山の道ばたやあぜに生える。草丈およそ
1メートル。花茎の先に数個の花をつけ、た
いてい1日に1個ずつ咲く。6枚の花びらは
オレンジ色で長さ約8センチ。つぼみをゆで
たものは柔らかくぬめりがあって少し甘く、
「金針菜<ruby>金針菜<rt>きんしんさい</rt></ruby>」として中華料理の素材になる。


## ヤブカンゾウ
Hemerocallis fulva var. kwanso
ワスレグサ科　多年草
北海道・本州・四国・九州

平地から低山にかけて、道ばたや水田のあ
ぜに生える。草丈約1メートル。花はオレンジ
色で直径約10センチ。花びらは八重咲きに
なる。内側の花びらは雄しべが変化してでき
たものと考えられる。よく見ると、花粉をつく
る<ruby>葯<rt>やく</rt></ruby>が花びらの先についていることがある。


## ユウスゲ
Hemerocallis citrina var. vespertina
ワスレグサ科　多年草
本州・四国・九州

低山から山地の草原に生える。高知県では
おもに<ruby>蛇紋岩地<rt>じゃもんがんち</rt></ruby>に見られる。草丈はおよそ
1メートル。花は淡い黄色で甘い香りがあ
り長さ約10センチ。夕方開花し翌朝しぼ
む。夕方や夜でも見つけやすい淡い色と甘
い香りで夜行性のガの仲間を誘う。

# アキノタムラソウ
Salvia japonica
シソ科　多年草
本州・四国・九州

平地から山地にかけて、草地や木陰に生える。草丈は30～80センチ。花は長い穂になって咲き、淡い青紫で長さ約1センチ。花びらの外側には毛が生えている。花の時期は長く名前のように秋にも咲いている。高知県では夏のころ、いちばん多く花が咲く。

# アキカラマツ
Thalictrum minus var. hypoleucum
キンポウゲ科　多年草
北海道・本州・四国・九州・沖縄

平地から低山にかけて日当たりのよい乾いた草地や岩場に生える。草丈50センチ～1.5メートル。花は枝先にまばらに集まって咲く。長さ3ミリほどの白い花びらはすぐに散ってしまうが、たれ下がった雄しべは長さ8ミリほどあり白から淡い黄色でよく目立つ。

# ミゾカクシ
Lobelia chinensis
キキョウ科　多年草
北海道・本州・四国・九州・沖縄

水田のあぜや湿地に生える。茎は地面をはって数十センチになる。広がりながら根を下ろして増え、群れをつくる。花は幅約1.5センチで淡い紫かピンク。花びらは5枚に切れ込み、鳥の羽ばたく姿に見える。溝をおおい隠すように生えることからこの名がついた。

蜜腺は直径約3ミリのつぼ形。中にたまった蜜をアリがなめに来ている（左下）。

# ソクズ
Sambucus chinensis
レンプクソウ科　多年草
北海道（南部）・本州・四国・九州

人里の林のまわりや川岸などに生える。草丈2メートルほど。地下茎を伸ばして群れになるので目につきやすい。花は白く、直径5ミリほどの花びらの先は5つに分かれている。茎の先に平らに集まって咲く。花の間のところどころにある黄色いものは、蜜を出す蜜腺*。花からは蜜を出さず、蜜腺の蜜でハチやチョウを呼び寄せて受粉する。蜜をなめに来るアリが、花や葉を食べてしまうイモムシを追い払うのに役立っているともいわれる。

# ノチドメ
Hydrocotyle batrachium var. maritima
ウコギ科　多年草
本州・四国・九州

平地から低山の水田のあぜに生える。茎は地面をはって広がり長さ1メートルほどになる。花（中央）は直径約2ミリで淡い黄緑色、ときに赤紫がかる。数個の花が集まり葉の陰に咲く。人には目につきにくい花だが、アリが花の蜜をなめに来て授粉する。

## タケニグサ
Macleaya cordata
ケシ科　多年草
本州・四国・九州

平地から低山にかけて、道ばたや林を切り開いたところなどに生える。葉や茎から出るオレンジ色の汁には毒がある。草丈1〜2メートルになる。花には長さ1センチほどの花びらがあるが、開くと同時に落ちてしまう。残った雄しべと雌しべが白く目立つ。

## タキユリ
Lilium speciosum var. clivorum
ユリ科　多年草
四国・九州

低山の谷沿いのがけに生える。茎はがけからたれ下がり全長約1メートル。花は下向きに咲いて直径約10センチ。そり返った花びらは白地にピンクがうっすらと入り濃いピンクの点がある。雄しべは朱色。高知県の言葉でがけを表す「たき」からこの名がついた。

## ウバユリ
Cardiocrinum cordatum var. cordatum
ユリ科　多年草
本州・四国・九州

低山の湿り気のある木陰に生える。草丈50センチ〜1メートル。葉は茎の下の方に集まってつき、ハート形。花はクリーム色で長さ15センチほどあり、茎の上の方に横向きに咲く。高知県では、片栗粉のように使う粉を球根から採るため「カタクリ」とも呼ばれる。

花びらに見えるつぼ形をしたクリーム色のところは萼。小さな花びらが萼の内側についている。

# クマヤナギ

Berchemia racemosa var. racemosa

クロウメモドキ科　つる性落葉樹

北海道・本州・四国・九州

低山から山地の明るい林に生える。つるの全長は数メートルになる。他の木に寄りかかったり巻きついたりして育つ。花はクリーム色で長さ約3ミリ。多数集まって枝分かれした穂になる。花が咲いたあと、長さ約6ミリの果実ができる。果実は初め緑色。1年ほどかかって熟し、赤から黒に変わる。そのころにはまた花が咲くので、花と同時期に赤い果実が見られる。熟した果実をムクドリやメジロなどの鳥が食べに来る。

# モッコク

Ternstroemia gymnanthera

サカキ科　常緑樹

本州（関東地方以西）・四国・九州・沖縄

海岸に近い暖地の常緑樹林に生える。樹高10メートルぐらい。白い花は直径約2センチで、葉よりも下に出る柄の先に下向きに咲く。花には甘い香りがある。樹形が美しいことから庭木として栽培される。赤みがかった材は建材や木工品の素材として使われる。

## リョウブ
Clethra barbinervis
リョウブ科　落葉樹
北海道(南部)・本州・四国・九州

平地から山地にかけて尾根などの乾いた林に生える。樹高10メートルぐらい。花は15〜20センチほどの長さの穂になって咲き、直径約1センチ。二またになった雄しべと三つまたになった雌しべがある。花には甘い香りがあり、たくさんのハチやチョウが集まる。

## ツヅラフジ
Sinomenium acutum var. acutum
ツヅラフジ科　つる性落葉樹
本州(関東地方以西)・四国・九州・沖縄

低山の常緑樹林のまわりに生え、石灰岩などの岩場に多い。つるは全長約10メートル。淡い緑色の花は直径約4ミリ。しなやかなつるを葛籠*の材料にすることからこの名がついた。冬につるを取って乾かしておき、湯につけてから使う。

## ヤブミョウガ
Pollia japonica
ツユクサ科　多年草
本州(関東地方以西)・四国・九州

暖地の林の中に生える。草丈は50〜70センチ。直径約1センチの花は白い花びらが6枚ある。花びらが散ったあとに残った白い雌しべは立ち上がって上向きになり、色はしだいに緑へと変わる。果実は10月になるとつやのある青色に熟す。

# キバナノセッコク
Dendrobium catenatum
ラン科　多年草
本州(伊豆諸島)・四国・九州・沖縄

暖地の常緑樹林の木や岩の上に生える。神
社や寺にある大木などに着生*する。茎は
たれ下がり、長さ20〜50センチ。茎の先の
方から出る細い枝に花をつける。花は幅約
3センチ。花びらは薄い黄緑色で、中央下側
の花びらだけ白に紫の点々がある。

# ヒロハコンロンカ
Mussaenda shikokiana
アカネ科　半つる性落葉樹
本州(静岡県・紀伊半島)・四国・九州

川沿いの林のまわりなどに生える。他の木に
よりかかって成長し、樹高約5メートル。花は
黄色の星形で直径約1センチ。甘い香りがあ
る。枝先に集まった数十個の花のうち数個
だけ萼(がく)が大きく広がっている。この萼は、花
が咲くころ白く変わり、目立つようになる。

# ミヤマトベラ
Euchresta japonica
マメ科　常緑樹
本州(関東地方以西)・四国・九州

低山の谷沿いで林の中に生える。樹高30
〜60センチ。葉は楕円(だえん)形でつやがあり、3
枚の小葉が一組になる。白い花は長さ約1セ
ンチ。茎の先に穂になって咲く。つぼみの中
で雄しべが花粉を出し、雌しべが受粉する。
そのため花に虫が来なくても果実ができる。

# ホドイモ
Apios fortunei
マメ科　つる性多年草
北海道・本州・四国・九州

低山の林のまわりに生える。全長3メートル
ほど。花は長さ約1センチ。ねじれた5枚の
花びらがあり、3枚はクリーム色で2枚はピン
ク色。地下茎のところどころが直径3セン
チほどのイモになり、食べられる。仲間のア
メリカホドイモは食用に栽培される。

# オオキツネノカミソリ
Lycoris sanguinea var. kiushiana
ヒガンバナ科　多年草
本州(関東地方以西)・四国・九州

山地の落葉樹林や道ばたに生える。草丈
30〜60センチ。葉は春に出て初夏に枯
れ、その後花茎が伸びる。花はオレンジ色
で長さ約8センチ、花茎の先に3〜4個咲
く。そり返った6枚の花びらの中心から雄
しべと雌しべが長く突き出ている。

# ナガバハエドクソウ
Phryma leptostachya subsp. asiatica f. oblongifolia
ハエドクソウ科　多年草
本州・四国・九州

低山の木陰に生える。草丈30センチから1
メートル。枝先にできる長い穂に白または
ピンクの花が咲く。花は横向きで長さ約6
ミリ(中央)。咲き終わった花の柄は曲が
り、クリップのような形の果実は軸にぴった
り沿って下向きになる(下)。

果実は集まって直径1.5
センチほどの球形にな
る。果実の先は初めS字
になっているが、熟すと先
が取れてかぎ形になる。

# ダイコンソウ
Geum japonicum var. japonicum
バラ科　多年草
北海道・本州・四国・九州

平地から山地の谷沿いなど湿ったところに生える。草丈60センチぐらい。花は黄
色の花びらが5枚あり、直径およそ1.5センチ。キツネノボタンの仲間(→p70)に
似ているが、花びらはつやがない。花の中心には緑色の雌しべがたくさん集まっ
て球になり、そのまわりを黄色の雄しべが取り巻いている。斜めに長く伸びた枝の
先に花がつく。果実の熟す秋になると、この枝で人や動物の通り道をさえぎり、
衣服や体に果実をくっつけるしくみになっている。

# オトギリソウ
Hypericum erectum var. erectum
オトギリソウ科　多年草
北海道・本州・四国・九州・沖縄

平地から山地の日当たりのよい草地に生え
る。草丈50センチぐらい。葉は細い三角形
で2枚ずつつく。黄色の花は直径約1セン
チ。透かしてみると葉には黒い点々があり、
萼(がく)や花びらには黒い線がある。黒く見える
のは赤の色素で、つぶすと赤い汁が出る。

## ケイビラン
Comospermum yedoense
クサスギカズラ科　多年草
本州（紀伊半島）・四国・九州

低山から山地にかけて、谷沿いの日当たり
のよいがけに生える。草丈15〜40センチ。
花は白または紫で直径約5ミリ。葉は三日
月形に曲がり、株元に2列に並んでつく。
葉の様子がニワトリの尾羽（おばね）に似ていること
から「鶏尾蘭（けいびらん）」の名がついた。

## ノギラン
Metanarthecium luteoviride
キンコウカ科　多年草
北海道・本州・四国・九州

低山から山地の湿った道ばたに生える。草丈
は15〜40センチ。葉は株元にだけつき、茎
の上部は花の穂になる。花は6枚の花びらが
あり、直径約1.2センチ。花の色は生える環
境によって変わる。日陰では薄い緑色、日当
たりがよいほど茶色っぽい花色になる。

## タニタデ
Circaea erubescens
アカバナ科　多年草
北海道・本州・四国・九州

山地の落葉樹林の谷沿いや湿った木陰に
生える。草丈15〜30センチ。花は白い花び
らが2枚あり直径3ミリぐらい。ミズタマソ
ウ（→p132）の仲間で花のつくりがよく似
ている。タニタデの花びらはまるく、ミズタ
マソウの花びらはハート形。

# バイカアマチャ
Platycrater arguta
アジサイ科　落葉樹
本州（中部地方以西）・四国・九州

低山から山地の谷沿いの岩場などに生える。樹高は1〜2メートル。花は下向きに咲き、直径約2センチ。白い肉厚の花びらが4枚ある。花の内側には100本ほどの黄色の雄しべがあり、1本だけの白い雌しべが斜めに出ている。

# キバナノショウキラン
Yoania amagiensis
ラン科　多年草
本州（関東地方・紀伊半島）・四国・九州

低山から山地の木陰に生える。光合成*で栄養をつくらず、地中の菌類から栄養をとっている。草丈10〜40センチぐらい。多肉質の茎の先に1個ずつつく花は、直径約2センチ。上を向いて半開きに咲く。クリーム色に黒い点がある花びらの先は茶色くなっている。

# ヒナノシャクジョウ
Burmannia championii
ヒナノシャクジョウ科　多年草
本州（関東地方以西）・四国・九州・沖縄

薄暗い常緑樹林やヒノキの林に生える。植物全体が白くて葉緑素*を持たない。地中で菌類から栄養を吸収して育つ。花〜果実の時期だけ地上に現れる。花茎の先だけが地上に出て、草丈5ミリ〜3センチ。筒形で長さ7ミリほどの白い花が数個集まって咲く。

## ヒメユリ
Lilium concolor
ユリ科　多年草
本州・四国・九州

低山から山地の乾燥した明るい草原に生える。草丈約50センチ。長さ5〜10センチの細い葉がたくさんつく。花は上向きに開き、直径約5センチ。6枚ある花びらは濃い赤色。ユリの中では花の大きさも草丈も小さめなので「姫ゆり」の名がついた。

## ギンバイソウ
Deinanthe bifida
アジサイ科　多年草
本州（関東地方以西）・四国・九州

山地の木陰に群れになって生える。草丈40〜80センチ。葉の先は二またに分かれている。花は茎の先に集まって下向きに咲き、直径約2センチ。花の柄と萼・花びら・雄しべ・雌しべはすべて白または薄いピンク。花の色と形から「銀梅草」の名がついた。

## ヤマジオウ
Ajugoides humilis
シソ科　多年草
本州（関東地方以西）・四国・九州

山地の林の中に生える。草丈5センチほど。4枚の葉がぺったりと地上にくっつき、その中央に花をつける。ピンク色の花は長さ約1.5センチで筒の中に蜜をためている。でこぼこのある葉が薬草の地黄*の葉に似ていて、山に生えることからこの名がついた。

果実は直径約5ミリ。7〜
8月ごろ熟し、緑から黄、
赤へと色づく。

# トチバニンジン
Panax japonicus var. japonicus
ウコギ科　多年草
北海道・本州・四国・九州

低山から山地の湿った木陰に生える。草丈50〜80センチ。5枚の小葉が集まって1組の葉になる。葉の形がトチノキの葉と似ていることからこの名がついた。直径約3ミリで淡い緑色の花が茎の先に数十個、まるく集まって咲く。薬草の朝鮮人参*に近い植物で、地下茎を煎じて飲めば咳やたんに効き、胃薬としても効果があるといわれる。竹のような節のある地下茎の様子から「竹節人参」とも呼ばれる。

# キヌタソウ
Galium kinuta
アカネ科　多年草
本州・四国・九州

山地の落葉樹林に生える。地下茎を伸ばして群生する。草丈およそ60センチ。3本の脈のある葉が4枚ずつ茎を取り囲んでつく。白い花は直径約3ミリで、枝先にまばらに咲く。4枚に分かれた花びらが十字に開く。花の形と葉のつき方がよく似ている。

**8**月

タラノキ
Aralia elata

## ガマ
Typha latifolia
ガマ科　多年草
北海道・本州・四国・九州

明るい湿地や池に生える。地下茎を伸ばして群れになる。草丈およそ2メートル。茎の先に数万個の緑の花が集まり、棒状の穂をつくる。6月に花が咲いたあと、8月ごろには果実ができ始める。このころ、穂は茶色で直径約3センチのソーセージに似た姿になる。

## ヘクソカズラ
Paederia foetida
アカネ科　つる性多年草
北海道・本州・四国・九州・沖縄

平地から低山の日当たりのよいところに生える。つるは全長1～数メートル。筒形の白い花は長さ約1センチで、筒の中は赤紫。花びらにはビロード状の毛が生えている。茎や葉をちぎったときの臭いにおいからこの名がついたが、花には甘い香りがある。

## イシミカワ
Persicaria perfoliata
タデ科　つる性一年草
北海道・本州・四国・九州・沖縄

平地の川岸や道ばたに生える。全長数メートルになる。茎と葉のとげをまわりのものに引っかけて成長する。葉の形はほぼ正三角形。果実は直径約5ミリ。散らずに残った花びらに包まれている。花びらは初め薄緑色で、果実が熟すにつれて青から紫へと色づく。

果実は長さ5〜10セン
チで種が3〜7個入って
いる。果実も種も水に浮
かび、海流に乗って遠く
まで運ばれる。

# ハマナタマメ
Canavalia lineata
マメ科　つる性多年草
本州・四国・九州・沖縄

海岸に生える。つるは全長10メートルほどになり、地面をはう。ピンク色の花は
長さ約3センチで花びらは5枚。大きい花びらが下側にあり、残りの4枚の花びら
はくちばし状に集まって花の上側にある。くちばし状になった花びらの中には、雄
しべと雌しべが包み込まれている。多くのマメ科の花では下側にくちばし状の花
びらと雄しべ雌しべがあり、ハナバチのお腹に花粉がつく。ハマナタマメの花は
逆で、ハナバチの背中についた花粉で受粉する。

# ヒトモトススキ
Cladium jamaicense subsp. chinense
カヤツリグサ科　多年草
本州(関東地方以西)・四国・九州・沖縄

海岸に近い湿地に生える。草丈1〜2メート
ル。うなだれる枝に長さ約3ミリのたくさん
の茶色の小穂がつく。幅1センチほどの葉
は厚くてかたく、葉のふちのぎざぎざはとて
も鋭い。肉を切り裂くこともできるというの
で「肉切りがや」の別名がある。

# キツネノカミソリ
Lycoris sanguinea var. sanguinea
ヒガンバナ科　多年草
本州・四国・九州

低山の人里近くに生える。草丈30～40セン
チ。葉は春に出て初夏に枯れ、その後花茎
が伸びる。花はオレンジ色で長さ約6セン
チ、花茎の先に4～7個咲く。オオキツネノカ
ミソリ（→p116）と違って雄しべと雌しべは
花びらよりも短く、花の中におさまっている。

# コガンピ
Diplomorpha ganpi
ジンチョウゲ科　落葉樹
本州（関東地方以西）・四国・九州・沖縄

平地から低山の乾燥した草地に生える。樹
高30センチ～1メートル。枝はあまり太ら
ず、毎年根元から新しい枝を出す。花は長
さ約1センチ。白い花びらは筒形で筒先は4
つに分かれている。筒の中にオレンジ色の
雄しべがあり、うっすら透けて見える。

# キンミズヒキ
Agrimonia pilosa var. japonica
バラ科　多年草
北海道・本州・四国・九州・沖縄

平地から低山の草地や林のまわりに生え
る。草丈20センチ～1メートル。直径約1セ
ンチの黄色の花が細くしなやかな穂になっ
て咲く。秋の終わりになると茎は穂先まで
かたくなり、曲がったとげのある果実ができ
る。近くを歩くと果実が服にくっついてくる。

冬に果実ができる。果実の本体は長さ約8ミリ。毛の生えたしっぽで風に乗る。このしっぽを仙人のひげとみて名がついた。

# センニンソウ
Clematis terniflora var. terniflora
キンポウゲ科　つる性多年草
北海道(南部)・本州・四国・九州・沖縄

平地から低山の日当たりのよい林のまわりに生える。植物全体が有毒で、茎や葉から出る汁に触るとかぶれることがある。つるは全長数メートルになる。葉はつやがあり、ふちにぎざぎざのない卵形の小葉が3〜5枚で一組になる。葉の柄の部分が木の枝などに巻きつくことでつるを支えている。直径約4センチの白い花には数十本の雄しべと雌しべと4枚の花びらがある。甘い香りを出す花にハエやハナバチの仲間が集まる。

# ボタンヅル
Clematis apiifolia var. apiifolia
キンポウゲ科　つる性落葉樹
本州・四国・九州

平地から山地の林のまわりに生える。植物全体が有毒。つるは全長数メートルになる。葉はつやがなく、ぎざぎざのある小葉が3枚で一組になる。直径約2センチの白い花には、数十本の雄しべと雌しべと4枚の花びらがある。センニンソウ(→p127)に似た果実ができる。

# ヤマモガシ
Helicia cochinchinensis
ヤマモガシ科　常緑樹
本州(中部地方以西)・四国・九州・沖縄

温暖な常緑樹林に生える。樹高10メートル
ぐらい。葉はつやのある明るい緑。白い花は
長さ約1センチで、ブラシのような穂になっ
て咲く。雄しべとくっついた4枚の花びらは、
開花するとくるりとそり返る。雌しべはまっす
ぐで長く突き出ている。

# イヌビワ
Ficus erecta var. erecta
クワ科　落葉樹
本州(関東地方以西)・四国・九州・沖縄

平地から低山にかけて林のまわりや川岸に
生える。樹高5メートルぐらい。イチジクに似
た直径約2センチの花嚢(かのう)ができる。花は花
嚢の中で咲く。夏に黒く熟す雌株の花嚢は
甘くて食べられる。雄株の花嚢は食べられ
ない。高知県では「イタブ」と呼ばれる。

# マツカゼソウ
Boenninghausenia albiflora var. japonica
ミカン科　多年草
本州(関東地方以西)・四国・九州

低山の木陰に生える。草丈30〜80センチ。
花は直径約5ミリで、4枚の白い花びらがあ
る。1つの花に3〜4個の雌しべがあり、同じ
数の緑色の果実ができる。薄くて柔らかい葉
には匂い成分が含まれていて、少し触っただ
けで独特の強い匂いを出す。

# ビロードムラサキ

Callicarpa kochiana

シソ科　落葉樹

本州(三重県)・四国(徳島県・高知県)・九州(熊本県・鹿児島県)

海に近い常緑樹林に生える。樹高約3メートル。茎と葉はうす茶色のふかふかした毛でおおわれてビロードのような手触りがある。葉は長さ約20センチ。長さ8ミリほどの紫色の花が集まって咲く。牧野富太郎*氏が高知市の五台山で初めて見つけてこの名をつけた。

# ヤブハギ

Hylodesmum podocarpum subsp. oxyphyllum var. mandshuricum

マメ科　多年草

北海道・本州・四国・九州

平地から低山の常緑樹林の木陰に生える。草丈は60センチ～1メートル。ピンクまたは白の花は長さ約4ミリで穂になって咲く。穂は花が咲くにつれて長く伸びて40センチほどになる。果実はオオバヌスビトハギ(→p129)と同じようにくっつきやすい。

# オオバヌスビトハギ

Hylodesmum laxum

マメ科　多年草

本州(関東地方以西)・四国・九州

低山の暗い林の中に生える。草丈は30センチ～1メートル。葉は長さ10～15センチで濃い緑色。白い花は長さ約7ミリで茎の上の方にまばらにつく。花のあとにできる平べったい豆は長さ約3センチ。豆にはかぎ形の細かい毛があり、衣服にくっついて運ばれる。

# コアカソ

Boehmeria spicata var. spicata

イラクサ科　落葉樹

本州・四国・九州

海岸から山地の岩場に生え、人里の石垣やコンクリートのすき間などにも見られる。樹高1〜3メートル。枝や葉の柄が赤い。葉は2枚ずつ向かい合ってつき、長さ約5センチ。花には雌花と雄花がある。高知県では雄花は主に標高500メートル以上の山地で見られる。それより低いところに生えるコアカソはほとんど雌花しかつけない(写真)が、受粉しなくても果実をつくることができる。

雄花の穂は枝の根元のほうにつく。雄しべが花粉を出しているので、花粉の色で黄色っぽく見える。

花の穂は長さ5〜10センチ。雌花の穂は枝の先の方につく。白くふさふさして見えるのは雌しべの先の部分。

# コモチシダ
Woodwardia orientalis
シシガシラ科　多年草
本州・四国・九州

低山の川岸など湿り気のある岩場からたれ下がって生える。葉の全長は1〜2メートル。夏から秋にかけて葉の表面から芽を出して長さ1センチぐらいの葉をつける。この芽はやがてぽろっと落ち、地面に根をおろして成長し新しい株をつくる。

# イワタバコ
Conandron ramondioides var. ramondioides
イワタバコ科　多年草
本州・四国・九州

低山の湿った岩場に生える。木もれ日の差すような渓谷のがけにしばしば群生する。草丈10〜15センチ。葉は根元からたれ下がり、長さ10〜20センチ。花は茎の先に下向きに咲き、直径約1.5センチの星形。色は薄紫で、中心は白地に5個の黄色い点がある。

# ツルアリドオシ
Mitchella undulata
アカネ科　多年草
北海道・本州・四国・九州

低山から山地にかけてコケの生えた暗い針葉樹林に生える。茎は地面をはい、全長数十センチ。節ごとに長さ約1センチの葉が2枚ずつつく。果実は赤く熟し、直径約6ミリ。対になった2個の花から1個の果実ができるため、果実には花の跡の「へそ」が2つある。

## ミズタマソウ
Circaea mollis
アカバナ科　多年草
北海道・本州・四国・九州

山沿いの湿った日陰に生える。草丈20〜50センチ。葉は2枚ずつ向かい合ってつき、ふちには浅いぎざぎざがある。花は白くて直径約4ミリ。上のほうの葉のわきと茎の先に花の穂をつけ、穂の下から上へと咲いていく。果実は直径約5ミリの球形。かぎ形の白い毛が密生している。水玉のようなまるい果実の形からこの名がついた。

花は緑の萼2枚、白いハート形の花びら2枚、雄しべ2本、雌しべは1本で先に2個の球がついている。

## マルバノホロシ
Solanum maximowiczii
ナス科　つる性多年草
本州（関東地方以西）・四国・九州・沖縄

低山の林のまわりに生える。全長3メートルほど。花は下向きに咲き、長さ約1センチ。薄紫で5枚に分かれた花びらはそり返り、黄色の雄しべと白く細い雌しべが下向きに突き出る。雄しべの先には穴があり、さらさらした花粉がハチの翅の振動でこぼれ落ちる。

# ノリウツギ
Hydrangea paniculata
アジサイ科　落葉樹
北海道・本州・四国・九州

低山から山地の日当たりのよいところに生える。樹高約5メートル。葉は枝の節ごとに2枚または3枚ずつつく。直径2センチほどの白い花は飾り花。果実をつける花は小さく直径約7ミリ。樹皮の粘液を紙すきののりに使うことからこの名がついた。

# ザラツキギボウシ
Hosta kikutii var. scabrinervia
クサスギカズラ科　多年草
四国（徳島県・高知県・愛媛県）

低山から山地の谷沿いの岩場に生える。高知県では中部から西に多く、仁淀川と四万十川の川岸に多く見られる。草丈20〜60センチ。花は長さ約5センチのラッパ状で薄い紫色。裏側の葉脈を触るとざらざらしているのでこの名がついた。

# ヒメトラノオ
Veronica rotunda var. petiolata
オオバコ科　多年草
本州（関東地方以西）・四国・九州

低山の草地に生える。草丈は30センチ〜1メートル。茎の先に花の穂がつく。花は青く長さ1〜1.5センチで先が4つに分かれている。草刈りの行き届いた棚田のあぜを好んで生えるが、そのような環境が少なくなり、数が減っている。

# トンボソウ

Platanthera ussuriensis
ラン科　多年草
北海道・本州・四国・九州

低山から山地の湿った日当たりのよ
い草地や岩場に生える。草丈30セン
チぐらい。茎の根元に大きい葉が2
枚ある。茎の中ほどから上には細く
て小さい葉がつく。穂になって咲く薄
緑の花は幅約5ミリ。6枚の花びらが
ある。上の3枚の花びらは合わさって
屋根のように雄しべと雌しべを守り、
花粉が雨に濡れないようになってい
る。

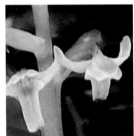

左右に開いた
花びらと下へ伸
びた花びらがト
ンボの形に見え
ることからこの
名がついた。

# クサアジサイ

Cardiandra alternifolia var. alternifolia
アジサイ科　多年草
本州・四国・九州

山地の谷沿いで湿った日陰に生える。草丈
約50センチ。3枚のとがった花びらがある直
径約1.5センチの花（中央下）はアジサイの
仲間によく見られる飾り花で、果実をつけな
い。果実をつけるのは直径約7ミリの花で、ピ
ンクまたは白の5枚のまるい花びらがある。

# フシグロセンノウ
Silene miqueliana
ナデシコ科　多年草
本州・四国・九州

山地の草原や明るい林の中に生える。草丈
は30センチ～1メートル。オレンジ色の花
は直径約5センチ。花が開くと中心の筒の
中から、10本の紫色の雄しべが伸びてく
る。雄しべがしおれるころ、今度は二またに
分かれた白い雌しべが伸びてくる。

# ヤマホトトギス
Tricyrtis macropoda var. macropoda
ユリ科　多年草
北海道(南部)・本州・四国・九州

低山から山地の木陰に生える。高知県では
内陸に見られる。草丈20～50センチ。枝先
寄りに花がつく。花は直径約3センチ。花び
らは下へそり返り、白地に赤紫の点がある。
海に近い低山には葉のつけ根に花が咲く
ヤマジノホトトギス(→p153)が生える。

# シギンカラマツ
Thalictrum actaeifolium
キンポウゲ科　多年草
本州(関東地方以西)・四国・九州

山地の落葉樹林に生え、石灰岩地に多い。
草丈30～50センチ。白い雄しべがたくさ
んあり直径約1センチ。雌しべは1本で白
い。花びらはなく、つぼみを包んでいる萼
(がく)
も開花と同時に散ってしまうので、雄しべと
雌しべだけの花になる。

# 9月

アゼガヤ

Dinebra chinensis

# ハマアザミ
Cirsium maritimum
キク科　多年草
本州（関東地方以西）・四国・九州

海岸の砂地に生える。草丈60センチほど。
花は直径約3センチでピンク色。葉はつやが
あって厚く、ふちに鋭いとげがある。植物の
とげには動物に食われないように身を守る
役割がある。春の若葉のとげは柔らかい。
若葉と地下茎は天ぷらにするとおいしい。

# エノキグサ
Acalypha australis
トウダイグサ科　一年草
北海道・本州・四国・九州・沖縄

平地から低山の道ばたや畑に生える。草丈
20～50センチ。花の穂は長さ2～3センチ。
穂にびっしりついているのは直径約1ミリの
雄花のつぼみで、咲くと白い雄しべが見える。
穂のつけ根にだけ数個の緑の雌花がある。
雌花のあたりを包むように1枚の葉がつく。

# マルバヤハズソウ
Kummerowia stipulacea
マメ科　一年草
北海道・本州・四国・九州

海岸や川岸などの日当たりのよい草地に生
える。草丈5～15センチ。花は葉のわきにつ
き、幅約7ミリ。花びらは薄いピンクで、つ
け根に紫のすじが入る。葉をちぎると葉脈
に沿ってV字に切れ、「矢筈*」の形になるの
でこの名がついた。

# アキノノゲシ

Lactuca indica var. indica

キク科　一年草/越年草

北海道・本州・四国・九州・沖縄

平地から低山にかけて道ばたや水田のあ
ぜに生える。草丈1〜2メートル。茎の上のほ
うでさかんに枝分かれしてたくさんの花を
つける。花は淡い黄色で直径約2センチ。レ
タスの仲間で、花はよく似ている。春の若葉
はサラダやおひたしにして食べられる。

# アキノエノコログサ

Setaria faberi

イネ科　一年草

北海道・本州・四国・九州

平地から低山にかけて畑や道ばたの草地
に生える。草丈50センチ〜1メートル。緑色
の穂は長さ10〜20センチで穂先はたれ
る。穂をネコのおもちゃにすることから「ネコ
ジャラシ」の名で親しまれる。冬、熟した穂
は茶色になり、種が落ちて毛だけが残る。

# オオイヌタデ

Persicaria lapathifolia var. lapathifolia

タデ科　一年草/越年草

北海道・本州・四国・九州・沖縄

日当たりのよい河原やあぜに生える。草丈は1
〜2メートル。花は直径約3ミリ。枝先に集まっ
て長さ5〜10センチの穂になる。花の色はピ
ンクから白まで株ごとに違う。花が終わっても
花びらは散らずに果実を包んで残る。色とり
どりの果実を長く楽しめる。

# カワラケツメイ
Chamaecrista nomame
マメ科　多年草
北海道・本州・四国・九州・沖縄

日当たりのよい河原や堤防の草地に生える。草丈30センチ〜1メートル。葉は鳥の羽根のような形をしている。黄色の花は直径約1センチ。花のあと、長さ3センチほどの平べったい豆ができる。高知県では乾かした葉や茎を煎じて、「きし豆茶」として飲む。

# カラスノゴマ
Corchoropsis crenata
アオイ科　一年草
本州（関東地方以西）・四国・九州

道ばたや畑に生える。草丈50センチぐらい。黄色の花は直径約2センチ、下向きにたれ下がって咲く。雄しべには短いものと長いものがある。短い15本の雄しべは花粉をつくる。花粉は長く突き出た5本の雄しべに渡され、蜜を吸うハチの体にくっついて運ばれる。

# ツユクサ
Commelina communis var. communis
ツユクサ科　一年草
北海道・本州・四国・九州・沖縄

平地から低山にかけて湿った道ばたや林のまわりに生える。茎は地面をはい、節から根をおろして広がる。草丈30〜50センチ。花は幅約2センチ。3枚の花びらのうち上の2枚が大きくまるく、あざやかな青。もう1枚白く小さな花びらが下についている。

# ヒメノボタン

Osbeckia chinensis
ノボタン科　多年草
本州（紀伊半島）・四国・九州・沖縄

日当たりのよい湿った草地に生える。草丈50センチぐらい。花は濃いピンクで直径約3センチ。雄しべと雌しべも同じ色で、花粉だけが黄色。熱帯地方に多いノボタンの仲間4000種のうち、ヒメノボタンだけが日本の本州・四国まで北上している。

# ツルマメ

Glycine max subsp. soja
マメ科　つる性一年草
北海道・本州・四国・九州・沖縄

平地から低山にかけて日当たりのよい草地や川岸に生える。つるは全長数メートルになる。花は淡い紫色で長さ約7ミリ。大豆は数千年前のアジアで野生のツルマメを栽培化*してできた作物だといわれている。10月ごろ実るツルマメの豆は直径約4ミリと小さい。

# ツルボ

Barnardia japonica var. japonica
クサスギカズラ科　多年草
北海道（南部）・本州・四国・九州・沖縄

平地から低山の日当たりのよい草地に生える。草丈20〜30センチ。花は長さ5〜20センチの穂になって咲き、淡い紫からピンク色で直径約6ミリ。地下に球根があり3月ごろに葉が出てくる。夏に地上の葉はいったん枯れるが、秋にもう一度葉が出て、花が咲く。

# ウスゲチョウジタデ
Ludwigia epilobioides subsp. greatrexii
アカバナ科　一年草
本州（関東地方以西）・四国・九州・沖縄

平地の水田や湿地に生える。草丈20〜
70センチ。黄色の花は直径5〜8ミリで、花
びらはたいてい5枚。花が散ったあとの柄
のように見える部分が果実（右下）。果実は
長さ1.5〜2センチ。秋の終わりにはしばし
ば植物全体が赤く色づく。

# クサネム
Aeschynomene indica
マメ科　一年草
北海道・本州・四国・九州・沖縄

平地の水田や湿地に生える。草丈50センチ
〜1メートル。花は淡い黄色で中心部はオレ
ンジ色、長さ約1センチ。細長い小葉がたくさ
ん並んだ葉の姿がネムノキ（→p105）に似
ているが、木ではなく草なのでこの名がつい
た。ネムノキと同じように葉は夜に閉じる。

# ヒメサルダヒコ
Lycopus ramosissimus var. ramosissimus
シソ科　多年草
北海道・本州・四国・九州

平地から低山にかけて水田やあぜ、湿地に
生える。草丈10〜40センチ。根元から出る
枝は地面をはって根をおろし、直径30セン
チほどの株になる。白い花は長さ約4ミリの筒
形で先は4つに分かれる。牧野富太郎*氏が
高知市の五台山で最初に見つけて名づけた。

## オモダカ
Sagittaria trifolia var. trifolia
オモダカ科　多年草
北海道・本州・四国・九州・沖縄

水田や水路に生える。草丈10～80センチ。
雄花と雌花がある。両花とも直径約2センチ
で、3枚の白い花びらがある。地下には直径
1センチほどのイモがあり、ゆでると食べら
れる。野菜のクワイは食用にするため改良し
たもので、イモは4センチほどになる。

## コナギ
Monochoria vaginalis var. vaginalis
ミズアオイ科　一年草
本州・四国・九州・沖縄

平地から低山の水田や湿地に生える。草丈
20～40センチ。花には青紫の花びらが6枚
あり、直径2センチぐらい。万葉集*に「…こな
ぎが花を衣に摺り…」とあり、花びらで布に色
をつけていたといわれる。植物全体を煮出し
た液で染めると淡い紫の草木染ができる。

## ホシクサ
Eriocaulon cinereum
ホシクサ科　一年草
本州・四国・九州・沖縄

水田に生える。草丈5～15センチ。細くて
とがった葉が地面に広がり、その中心から
茎を伸ばす。茎の先に直径約4ミリの白か
ら灰色のまるい穂をつける。点々と散らば
る穂の姿や、穂の上に次々に咲く小さな花
の様子から「星草」の名がついた。

143

## ヒシ
Trapa japonica
ミソハギ科　一年草
北海道・本州・四国・九州

池や水路に生える。根は水深1〜2メートルの水底の土の中にあり、茎の先が水面に届くと葉を広げる。葉の間に咲く白い花は直径約1センチ。花が終わると水中に潜って結実する。10月ごろできるひし形の果実はゆでて皮をむくと食べられ、栗に似た味がする。

## アイナエ
Mitrasacme pygmaea
マチン科　一年草
本州・四国・九州・沖縄

日当たりのよい湿地などに生える。草丈3〜15センチ。細い茎の先に1個ずつつく白い花は直径約3ミリ。花びらの先が4つに分かれている。長さ5ミリほどの葉が地面近くに4枚か6枚つくだけなので、花が咲くまでは何かの芽生えのように見える。

## ウリクサ
Lindernia crustacea
アゼナ科　一年草
本州・四国・九州・沖縄

道ばたやあぜ、畑に生える。茎は地面をはい、直径10〜20センチほどの株になる。背の高い草がない場所で、たくさんの株が重なり合うようにして地面をおおう。青紫の花は長さ約8ミリで横向きに曲がって咲く。茎や葉の脈または葉全体がときに紫に色づく。

# オオバクサフジ
Vicia pseudo-orobus
マメ科　つる性多年草
北海道・本州・四国・九州

明るい草地に生える。他県ではたいてい山地に生えるが、高知県では物部川下流の平地に多く見られる。つるは全長数メートルになる。葉の先は巻きひげになって他の草にからみつく。花は赤紫から青紫で長さ1〜2センチ。長さ5〜10センチほどの穂になって咲く。

# ノアズキ
Dunbaria villosa
マメ科　つる性多年草
本州・四国・九州・沖縄

人里の道ばたに生える。つるは全長3メートルほどになる。黄色の花は直径約1.5センチ。花の中央にある花びらはくるりと巻いている。花が小豆に似ているのでこの名がついた。ノアズキの豆は小豆と違って渋みが強いため食用にされない。

# キツネノマゴ
Justicia procumbens var. procumbens
キツネノマゴ科　多年草
本州・四国・九州・沖縄

人里の日当たりのよい道ばたや草地に生える。草丈30〜50センチ。茎の先に長さ2〜5センチの花の穂ができる。花は長さ約8ミリで淡い赤紫または白の一日花*。穂にはたくさんのつぼみがあるが、1つの穂では毎日およそ2個ずつしか開かず、長い期間咲き続ける。

145

# タチカモメヅル

Vincetoxicum glabrum var. glabrum
キョウチクトウ科　つる性多年草
本州・四国・九州

低山から山地の湿地に生える。つる
は全長1〜数メートルになる。楕円形
で柄の短い葉が2枚ずつ向かい合っ
てつく。葉のつけ根に花がかたまっ
て咲く。花は黒紫色で直径約1セン
チの星形。茎はつるになって他の植
物に巻きつく。芽生えの初めのうち
はまっすぐに立ち上がる性質がある
ことから「立ち」の名がついた。

果実は長さ約
5センチで冬に
熟す。種には
白くて長い毛
があり風に飛
ばされる。

# オグルマ

Inula britannica subsp. japonica
キク科　多年草
北海道・本州・四国・九州

水田のあぜや川岸など湿った場所に生え
る。草丈は80センチ〜1メートル。葉は幅約
1センチ。茎は先のほうだけ枝を出し、枝先
に直径3センチほどの黄色の花をつける。
高知県の花と比べ、東日本の花は直径4〜
5センチと大きく、観賞用に栽培される。

# マルバハギ
Lespedeza cyrtobotrya
マメ科　落葉樹
本州・四国・九州

日当たりのよい草地に生える。樹高約2メートル。枝は長く伸びてたれ下がることが多い。花は長さ1〜1.5センチほどあり、淡い赤紫色で中心は色が濃い。花が葉の上に乗っているような姿で葉のつけ根に数個集まって咲く。

# サワヒヨドリ
Eupatorium lindleyanum var. lindleyanum
キク科　多年草
北海道・本州・四国・九州・沖縄

平地から低山にかけて明るい湿地や水田のあぜに生える。草丈30〜60センチぐらい。茎はほとんど枝を出さない。花は茎先に密集してつき、長さ約4ミリで淡い紫やピンク。茎も多くは紫がかる。草の間のあちこちに紫色のまっすぐな茎が立ち、よく目立つ。

# タヌキマメ
Crotalaria sessiliflora
マメ科　一年草
本州・四国・九州・沖縄

乾燥した日当たりのよい草地に生える。草丈20〜50センチ。花は長さ約1センチで花びらは青く、茶色い毛の生えた萼（がく）がある。花のあと萼はふくらんで果実を包み込む。花の形と毛むくじゃらの萼の様子がタヌキに似ていることからこの名がついた。

# リンボク
Prunus spinulosa
バラ科　常緑樹
本州（関東地方以西）・四国・九州・沖縄

常緑樹林に生える。樹高約10メートル。葉はかたく、つやがある。白い花は直径約6ミリで上向きの穂になって咲く。花には強い香りがあってたくさんのハナバチが集まる。若木の葉のふちには鋭いぎざぎざがあることから、「ヒイラギガシ」とも呼ばれる。

# ミズヒキ
Persicaria filiformis
タデ科　多年草
北海道・本州・四国・九州・沖縄

平地から山地の木陰に生える。草丈30〜80センチ。細長い穂になって横向きに咲く花は直径約5ミリ。花の上半分は赤く、下半分は白い。そのため、穂を上から見ると赤く見えるが、ひっくり返して下から見ると白く見える。紅白の水引にたとえてこの名がついた。

# ナンバンギセル
Aeginetia indica var. indica
ハマウツボ科　多年草
北海道・本州・四国・九州・沖縄

平地から低山の日当たりのよい草地に生える。ススキなどの根から養分をとって育つ寄生*植物。草丈15〜20センチ。ピンクの花は長さ約3センチ。茎の先が曲がって横向きに咲く形が煙管*に似ていることからこの名がついた。

むかごは灰色で表面がごつごつしている。直径1〜3センチ、ときに熱帯地方では20センチ以上。かむと苦い。

# ニガカシュウ
Dioscorea bulbifera
ヤマノイモ科　つる性多年草
本州（関東地方以西）・四国・九州・沖縄

海岸から低山の林のまわりなどに生える。つるの全長は約5メートル。つるが他の植物などに巻きついて伸びる。葉はまるみのあるハート形。葉のつけ根から花の穂がたれ下がる。雄株（左）と雌株（右）がある。雄株の雄花は長さ約3ミリで、花びらは初め白くしだいに紫に変わっていく。雌花は長さ約5ミリで白い。雌株はまれなので種で増えることはほとんどない。葉のつけ根にできるむかごで増える。

# ヤブラン
Liriope muscari
クサスギカズラ科　多年草
本州・四国・九州・沖縄

薄暗い常緑樹林や竹林に生える。草丈30〜50センチ。幅1センチほどの長い葉が根元からたくさん生え、株になる。枝分かれせずまっすぐに伸びた花茎の上半分が花の穂になる。花は直径約6ミリ。花全体が紫色で、穂の軸も紫色。冬、黒紫色の果実をつける。

# オミナエシ
Patrinia scabiosifolia
スイカズラ科　多年草
北海道・本州・四国・九州・沖縄

低山から山地の日当たりのよい草地に生える。草丈50センチ〜1メートル。花は直径約7ミリで黄色。花の咲くころ、花のあたりの枝も黄色く色づく。花には独特の香りがある。花のあとすぐにできてくる果実は長さ約3ミリ。熟した果実はばらばらと落ちる。

# オトコエシ
Patrinia villosa
スイカズラ科　多年草
北海道・本州・四国・九州・沖縄

低山から山地の道ばたや林のまわりに生える。草丈50センチ〜1メートル。直径約7ミリの白い花は、形と香りがオミナエシとよく似ている。花のあとすぐにできてくる果実は直径約6ミリ。熟した果実は種のまわりにある薄い膜で風に飛ばされる。

# ナンカイギボウシ
Hosta tardiva
クサスギカズラ科　多年草
本州（紀伊半島）・四国・九州

人里近くの田畑のまわりや木陰に生える。草丈40〜80センチ。ラッパ形の薄紫の花は長さ約4センチ。花が咲いても果実ができない。高知県では「エビナ」と呼んで3月ごろの新芽を食用にする。軽くゆがいてピーナツ和えにするとおいしい。

# ツルニンジン

Codonopsis lanceolata var. lanceolata
キキョウ科　つる性多年草
北海道・本州・四国・九州

明るい林の中や林のまわりに生える。全長数メートルになる。つりがね形の花は直径約4センチで下向きに咲く。花びらはクリーム色で、茶色のすじが入る。花の内側には蜜が出ていて、スズメバチやアシナガバチが蜜を飲みによくやって来る。

# ツルリンドウ

Tripterospermum japonicum var. japonicum
リンドウ科　つる性多年草
北海道・本州・四国・九州

山地の木陰に生える。つるは長さ1メートルぐらい。他の植物に巻きついてもあまり高く伸びることはなく、地面をはっていることも多い。花は直径約1.5センチで淡い紫色。リンドウに比べると花が細く、色が淡い。冬には枯れたつるの上に赤い果実が見られる。

# ツリフネソウ

Impatiens textorii
ツリフネソウ科　一年草
北海道・本州・四国・九州

低山の湿った木陰に生える。草丈40〜100センチ。長さ3〜4センチの赤紫の花が枝先にぶら下がって咲く。花の奥はうず巻き状の筒になり、蜜がたまっている。この花の奥まで届く長い口先を持つのはトラマルハナバチ。花にすっぽり入って蜜を吸い、授粉する。

151

# ネナシカズラ
Cuscuta japonica
ヒルガオ科　つる性一年草
北海道・本州・四国・九州

低山から山地の林のまわりに生える。他の草にからみつき、寄生*して育つ。つるの全長は数メートル。花は白く長さ約3ミリ。芽生えのころだけ根があり、つるが他の草から養分をとり始めると根は枯れる。目につくころ、根がないことからこの名がついた。

# タカネハンショウヅル
Clematis lasiandra
キンポウゲ科　つる性多年草
本州（近畿地方以西）・四国・九州

低山から山地の林のまわりに生える。全長数メートルになる。花は長さ約2センチの筒形で淡い紫から白。4枚の花びらはしだいにそり返っていく。「高嶺」の名はたいてい、高い山に生える植物につけられるが、タカネハンショウヅルは全国的に低山に多い。

# シコクママコナ
Melampyrum laxum var. laxum
ハマウツボ科　一年草
本州（中部地方以西）・四国・九州

低山から山地の明るい林や道ばたに生える。乾いた尾根などに多い。草丈20〜60センチ。葉は下の方では長さ約5センチ。茎の先の方ほど小さくなっていて、小さい葉のわきに花がつく。花は長さ1.5〜2センチ。花びらはピンク色で白と黄色の模様がある。

## シシウド
Angelica pubescens var. pubescens
セリ科　多年草
本州・四国・九州

低山から山地にかけて、日当たりのよい草
地や木陰に生える。草丈約2メートル。枝
は放射状*に伸び、その先に花が咲く。花
の全体は傘のようになり直径約30センチ。
白い花は直径約4ミリ。つぼみは薄緑の袋
状の葉に包まれている(上部)。

## ヤマジノホトトギス
Tricyrtis affinis
ユリ科　多年草
北海道(南部)・本州・四国・九州

低山から山地の木陰に生える。草丈20〜50
センチ。花は直径約3センチで白地に紫の斑
点がある。花の中心から突き出た雄しべと雌
しべは噴水のような形。雄しべと雌しべのつ
け根にある蜜をハチが吸うとき、ハチの背中
に花粉がつき受粉するしくみになっている。

## モミジガサ
Parasenecio delphiniifolius var. delphiniifolius
キク科　多年草
北海道・本州・四国・九州

山地の落葉樹林に生える。草丈は50セン
チ〜1メートル。花は細く、長さ約1センチ
で白い。花の先に突き出た雄しべは濃い茶
色。もみじのように切れ込んだ葉の形から
「モミジ」、傘を開くような形で若葉が開くこ
とから「カサ」の名がついた。

# 10 月

シバハギ
Grona heterocarpa

# シロバナサクラタデ

Persicaria japonica
タデ科　多年草
北海道・本州・四国・九州・沖縄

水田のまわりや川岸の湿地に生える。草丈50センチ～1メートル。地下茎を伸ばして群れになる。花の穂はしなやかで穂先はうなだれ、長さ10～15センチ。穂の下から順に白い花が咲く。花は5枚の花びらがあり直径約4ミリ。雄しべと雌しべの長さは株によって違い、長さの違う株の間で受粉したときにだけ果実ができるしくみになっている。実際にはめったに結実せず、主に地下茎で増える。

二またに分かれた雌しべが突き出た株の花。短い雄しべが花びらに隠れている。

5本の雄しべが突き出た株の花。短い雌しべが花びらに隠れている。

## タウコギ
Bidens tripartita var. tripartita
キク科　一年草
北海道・本州・四国・九州・沖縄

平地から低山の水田や湿地に生える。草丈20センチ〜1メートル。花は直径約1センチで黄色。花びらはないが、花を取り囲む細い葉が緑の花びらのような形をしている。近年は外来種*のアメリカセンダングサが増え、在来種*のタウコギは減ってきている。

## キクモ
Limnophila sessiliflora
オオバコ科　多年草
本州・四国・九州・沖縄

水田や湿地、池に生える。草丈5〜15センチ。細かく切れ込んだ1センチほどの葉が数枚ずつ茎を取り囲むようにつく。秋の終わりにはしばしば植物全体が赤紫に色づいて目を引く。水の中でも育ち、水草のようになるので名前に「藻」とつく。

## シソクサ
Limnophila chinensis subsp. aromatica
オオバコ科　一年草
本州(関東地方以西)・四国・九州・沖縄

水田や湿地に生える。草丈10〜20センチ。茎と葉は秋に赤く色づく。筒形の白い花は長さ約1センチ。葉をちぎるとシソに似た香りがするのでこの名がついた。東南アジアの国では香りのよいハーブとして、若い茎と葉を生でサラダなどにして食べる。

## サクラタデ
Persicaria odorata subsp. conspicua
タデ科　多年草
本州・四国・九州・沖縄

平地から低山の湿地に生える。草丈50セ
ンチ～1メートル。枝先の穂につく花は直径
約5ミリ。タデの仲間ではピンク色の花が
大きくてよく開き、華やかに咲くことからこ
の名がついた。果実はめったにできない
が、地下茎でよく増えて群れになる。

## ミゾソバ
Persicaria thunbergii var. thunbergii
タデ科　一年草
北海道・本州・四国・九州・沖縄

日当たりのよい水辺や湿った道ばたに生え
る。草丈30～70センチ。茎のとげをまわり
の植物に引っかけながら育つ。長さ約4ミ
リで白からピンクの花が十数個集まって枝
先に咲く。集まった花の形がコンペイトウ*
に似ているので「金平糖草」とも呼ばれる。

## ゴキヅル
Actinostemma tenerum
ウリ科　つる性一年草
本州・四国・九州

日当たりのよい川岸や湿地に生える。つる
は全長1～数メートルになる。花は10枚の
花びらがあり直径約7ミリで黄緑からクリー
ム色。果実は長さ約1.5センチ。秋に熟す果
実は表面の線に沿ってカプセルのように2
つに割れて開き、中から種が現れる。

# チカラシバ
Pennisetum alopecuroides
イネ科　多年草
北海道（南部）・本州・四国・九州・沖縄

道ばたやあぜに生える。草丈30〜60セン
チ。黒紫色の長い毛におおわれたブラシ状
の穂は長さ約15センチ。ときに毛が薄緑の
ものもある。根が強くて大きな株を引き抜く
のに「力」がいり、イネ科の植物のことを「し
ば」ということからこの名がついた。

# ハッカ
Mentha canadensis
シソ科　多年草
北海道・本州・四国・九州

水田のあぜや湿地に生える。草丈20〜40
センチ。花は白から薄い紫で長さ約4ミリ。茎
や葉には爽やかな香りがある。西洋のミント
の仲間で、和のハーブとして香料に使われ
る。香りの主成分はメンソール。北海道では
栽培し食品や化粧品として加工されている。

# ヒメジソ
Mosla dianthera
シソ科　一年草
北海道・本州・四国・九州・沖縄

水田のあぜや湿った道ばたに生える。草丈
20〜60センチ。葉は長さ約3センチでふち
はまばらにぎざぎざがある。花は長さ約3ミ
リで白からピンク。花の穂や葉の形がシソ
を全体に小さくしたような姿なので、「姫じ
そ」の名がついた。

159

## ケシロヨメナ
Aster ageratoides var. intermedius
キク科　多年草
本州(中部地方以西)・四国・九州

低山の道ばたや林のまわりに生え、しばしば道ばたの斜面からたれ下がっている。草丈30センチ〜1.5メートル。花は白く、直径およそ2センチ。茎や葉の両面に短いかたい毛が生えていてざらざらするので、他の白い野菊と見分けやすい。

## オオユウガギク
Aster yomena var. angustifolius
キク科　多年草
本州(近畿地方以西)・四国・九州

平地の道ばたや水田のあぜに生える。高知県では海岸に近いところでよく見かける。草丈80センチ〜1.5メートル。花は直径約3センチで、薄い青紫色の花びらがある。葉や花の切リ口には爽やかな香りがある。冬枯れ*のあと、春に芽吹く若葉はゆでて食べられる。

## ヨシノアザミ
Cirsium nipponicum var. yoshinoi
キク科　多年草
本州(近畿地方以西)・四国

道ばたやあぜ、落葉樹林の木陰などに生える。草丈1〜2メートル。葉や花にはとげがあり触ると痛い。花は赤紫色で直径約3センチ。上向きから横向きに咲く。高知県の秋に咲くアザミは多くがヨシノアザミ。5月ごろにはよく似たノアザミ(→p71)が咲く。

つのは長さ約1センチ。つのの表面には特殊な毛が生えていて、ねばねばした液を出す。

## コメナモミ
Sigesbeckia glabrescens
キク科　一年草
北海道・本州・四国・九州・沖縄

低山の道ばたや畑のまわり、林を切り開いたあとなどに生える。草丈30センチ～1メートル。茎と葉には短い毛が生えていて白っぽく見える。5本のつのがある花は直径約1.5センチ。3つに切れ込んだ黄色の花びらが数枚ある。花が終わって果実が熟し始めるころ、長さ1センチほどになるつのは、ねばねばした液を出す。この液で衣服や体につのごとくっつき、種を運ぶ。

## ハナタデ
Persicaria posumbu var. posumbu
タデ科　一年草
北海道・本州・四国・九州

平地から山地の湿った日陰に生える。草丈は30～50センチ。まばらな花の穂の上で一つ一つの花が目を引く。花はピンク色で直径約4ミリ。咲き終わった花の花びらはまた閉じる。その中に、三角形で黒くてつやつやした果実が1つできる。

## クサギ
Clerodendrum trichotomum var. trichotomum
シソ科　落葉樹
北海道・本州・四国・九州・沖縄

日当たりのよい林のまわりなどに生える。樹高5メートルぐらい。果実の時期になると、萼<sup>がく</sup>が真っ赤に色づいて星形に開き、花のようになる。萼の真ん中についた果実は直径約1センチで光沢のある青。メジロやヒヨドリがよく食べている。

## ツクシハギ
Lespedeza homoloba
マメ科　落葉樹
本州・四国・九州

平地から低山の日当たりのよいところに生える。樹高1〜3メートル。葉は鈍いつやがあり、ふちは裏へ巻き込んでいる。花は長さ約1センチ、淡い赤紫で中心近くは色が濃い。全国的には濃い赤紫の花のヤマハギが多いが、高知県ではツクシハギが多い。

## ヤクシソウ
Crepidiastrum denticulatum
キク科　二年草
北海道・本州・四国・九州

平地から低山の道ばたのがけなどに生える。草丈30センチ〜1メートル。たくさんのつぼみが上を向いて枝先に並んでいる。花は黄色で直径約1.5センチ。咲き終わった花は下向きにたれ下がる。しばしば群生して秋の山道をあざやかな黄色にいろどる。

黒い筒状の雄しべの先に白い雌しべが突き出る。雌しべが二またに分かれてくるっと巻くのはトウヒレンの仲間の特徴。

# トサトウヒレン
Saussurea nipponica subsp. nipponica var. yoshinagae
キク科　多年草
四国(徳島県・高知県・愛媛県)

低山の蛇紋岩地（じゃもんがんち）の草地や明るい林に生える。草丈30〜80センチ。ピンクの花は直径1〜1.5センチで、雄しべと雌しべが突き出ている。アザミの仲間に似ているが、葉にも花にもとげがない。トウヒレンの仲間は多くが涼しい山地や東日本に見られ、高知県の低山のような暖地に生育するのは珍しい。昭和8年、土佐郡初月村円行寺（みかづきえんぎょうじ）(現在の高知市円行寺)で吉永虎馬（よしながとらま）*氏が発見し、翌年に北村四郎（きたむらしろう）*氏が「土佐とうひれん（とさ）」と名づけた。

# ヤナギノギク
Aster hispidus var. leptocladus
キク科　二年草
本州(静岡県・愛知県)・四国(高知県)・九州(鹿児島県)

日当たりのよい低山の蛇紋岩地（じゃもんがんち）の岩場に生える。草丈60センチほど。花は薄紫で直径約3センチ。枝先に1つずつ咲く。葉は幅約3ミリで長さ約3センチ。長い枝に花ばかりが目立つきゃしゃな植物。細い葉を柳（やなぎ）にたとえてこの名がついた。

# ワレモコウ

Sanguisorba officinalis
バラ科　多年草
北海道・本州・四国・九州

平地から低山の日当たりのよい草地や田の
あぜに生える。草丈30〜100センチ。赤紫
の花が集まって長さ約2センチの卵形の穂
になり、まばらに分かれた枝の先につく。
花は多くの植物と違って穂先から咲き始
め、下へ向かって咲き進む。

# ヤマハッカ

Isodon inflexus
シソ科　多年草
北海道・本州・四国・九州

低山の草地に生える。草丈30〜100センチ。
茎の上の方で節ごとにたくさんの花がつく。
花は薄い青紫で長さ約8ミリ。花びらの上半
分は立ち上がり、青紫の斑点かすじがある。
萼(がく)は紫色で、ときに花の柄や穂の軸も紫色。
茎や葉には爽やかな香りがある。

# ヒキオコシ

Isodon japonicus var. japonicus
シソ科　多年草
本州・四国・九州

平地から低山の木陰に生える。草丈50セン
チ〜1.5メートル。花は白に近い薄紫で長さ
5〜7ミリ。雄しべと雌しべは花びらより長く
突き出る。全草を乾かして粉にしたものは胃
腸薬とされる。寝ている病人を「引き起こす」(ひ お)
ほど薬効(やっこう)*があるというのでこの名がついた。

果実は長さ約2センチで
こげ茶色。つけ根に5個
の種がある（左）。果実
の皮は乾くと巻き上がり、
種を弾き飛ばす（右）。

# ゲンノショウコ
Geranium thunbergii
フウロソウ科　多年草
北海道・本州・四国・九州・沖縄

平地から山地の道ばたや川岸などの明るく湿ったところに生える。草丈10〜
30センチ。花は5枚の花びらがあり、直径1〜1.5センチ。白い花の咲く株と赤
紫の花の咲く株があり、地域によって割合がちがう。高知県では赤紫の花の咲
く株のほうが多く、白い花の咲く株はどちらかといえば山間部に多い。どちらの
色の株も乾かした茎や葉を煎じて飲めば胃腸薬になり、効き目がはっきりしてい
ることから「現の証拠」の名がついたという。

# ツリガネニンジン
Adenophora triphylla var. japonica
キキョウ科　多年草
北海道・本州・四国・九州・沖縄

日当たりのよい草地に生え、海岸から山地ま
で様々な標高に見られる。草丈20〜100セ
ンチ。青い花は長さ約1センチで、雌しべが
花から突き出している。太く真っすぐな根は
乾かしてのどの薬にされる。つりがね形の花
とニンジンに似た根からこの名がついた。

## ウドカズラ
Ampelopsis cantoniensis var. leeoides
ブドウ科　つる性落葉樹
本州（近畿地方以西）・四国・九州・沖縄

低山の常緑樹林のまわりに生える。つるは巻きひげでからみつき、全長10メートル、直径10センチ以上になる。しばしば空中のつるから根が出て長くたれ下がる。このような根は気根（こん）と呼ばれ、空気中の水分や雨水を吸収する。高知県のつる植物ではウドカズラのみがたれ下がった気根を出す。葉の形がウドの葉に似ていることからこの名がついた。

果実は直径約8ミリで中に種が1個入っている。秋に熟し、緑から赤、さらに黒く色づく。

## ノブドウ
Ampelopsis glandulosa var. heterophylla
ブドウ科　つる性多年草
北海道・本州・四国・九州

日当たりのよいやぶや道ばたに生える。全長数メートルになる。果実は光沢のある青や紫に色づく。通常の果実は直径5〜7ミリほどの球形だが、しばしば入り込んだイモムシに果肉を食われて虫えい*になり、直径約2センチのでこぼこした形にふくらむ。

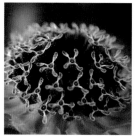

細い果実は黒く熟し長さ約4ミリ。先のつのから出るねばねばした液で衣服にくっつく。

# オカダイコン
Adenostemma madurense
キク科　多年草
本州・四国・九州・沖縄

低山の谷沿いや湿り気のある木陰に生える。草丈30センチ〜1メートル。枝先にまばらに花がつく。花は直径約7ミリ。花の上に白くふさふさとしているのは雌しべ。よく見ると、雌しべのつけねに筒状の花びらがあり、雄しべは筒の中に隠れている。花が終わると間もなく、黒い果実ができてくる。小さくまとまっていた花は、果実になると直径1センチほどに開く。

# クロヤツシロラン
Gastrodia pubilabiata
ラン科　多年草
本州（中部地方以西）・四国

平地から低山の竹林などに生える。直径1センチほどの茶色の花を数個つける。花期の草丈は約5センチ。植物全体が茶色で、花は落ち葉に埋もれるように咲くため見つけにくい。11月ごろ果実の柄が伸びて草丈20センチほどになると見つけやすくなる。

## アオハダ
Ilex macropoda
モチノキ科　落葉樹
北海道・本州・四国・九州

低山から山地の明るい林に生える。樹高5
～10メートル。雄株と雌株がある。果実は
雌株にだけ実り、直径約7ミリ。葉のつけ根
から出る短い柄の先に1個ずつつき、熟すと
赤く色づく。木全体が真っ赤に見えるほど実
る年もあれば、あまり実らない年もある。

## ハダカホオズキ
Tubocapsicum anomalum var. anomalum
ナス科　多年草
本州・四国・九州・沖縄

平地から山地の湿った道ばたに生える。草
丈50センチ～1メートル。果実は直径約1
センチでたれ下がり、赤く熟す。果実には毒
があり食べられない。果実や草の姿がホオ
ズキに似ているが、果実を包む袋がないの
で「裸ほおずき」の名がついた。

## アケボノソウ
Swertia bimaculata
リンドウ科　二年草
北海道・本州・四国・九州

湿った道ばたや川岸の木陰に生える。草丈
50～100センチ。花は直径約2センチ。白い
花びらは、中ほどに黄緑色の丸が2個、外よ
りに黒い点々がある。黄緑色の丸から出る蜜
を昆虫がなめに来ると、花の上に突き出た雄
しべと雌しべが昆虫の腹に触って受粉する。

## アキノキリンソウ
Solidago virgaurea subsp. asiatica var. asiatica
キク科　多年草
北海道・本州・四国・九州

低山から山地にかけて、日当たりのよい草地
や木陰に生える。草丈20〜60センチ。黄色
の花は直径約1.5センチで5枚ほどの花び
らがある。黄色の花が細長い穂になる姿を
背の高いキリンに見立ててこの名がついた。
花が終わると綿毛のついた果実になる。

## クサヤツデ
Ainsliaea uniflora
キク科　多年草
本州（関東地方以西）・四国・九州

低山から山地の川沿いの木陰に生える。草
丈30〜100センチ。花は長さ約2センチで
下向きに咲く。紫色の5枚の花びらはそり返
り、突き出た雄しべの先にはオレンジ色の
花粉が目立つ。葉の形がヤツデ（→p194）
の木の葉に似ているのでこの名がついた。

## コシオガマ
Phtheirospermum japonicum
ハマウツボ科　一年草
北海道・本州・四国・九州

低山の日当たりのよい草地に生える。草丈
20〜60センチ。葉は複雑な切れ込みがあ
り、淡い緑色。花はピンク色で長さ約2セン
チ。茎や葉に生えている柔らかな毛は触る
とべたべたくっつく。花びらだけはこの毛が
なく、ハチは上手に花にとまって蜜を吸う。

# ジンジソウ

Saxifraga cortusifolia var. cortusifolia
ユキノシタ科　多年草
本州（関東地方以西）・四国・九州

低山から山地にかけて、川岸や水の
したたる湿った岩場に生える。草丈
10〜30センチ。花は幅1〜1.5セン
チで白い花びらは5枚。谷沿いの斜
面に生え、花はどれも谷の方を向い
て咲くので、ジンジソウの花を観賞す
るなら谷側から見るのが華やかに
見える。葉は株元にだけつき、直径5
〜15センチで手のひら状に切れ込
んでいる。

大きな2枚の花
びらが漢字の
「人」に見える
ので「人字草」
の名がついた。

# ウチワダイモンジソウ

Saxifraga fortunei var. obtusocuneata
ユキノシタ科　多年草
本州・四国・九州

山地の渓流の水しぶきがかかる岩場に生え
る。草丈は5〜20センチ。葉はうちわのよう
な形。白い花は直径1〜1.5センチ。5枚の
細い花びらが「大」の字形なのでこの名がつ
いた。仲間のジンジソウなどよりも葉が細く
て小さく、水流に沈んでもちぎれにくい。

# ツリバナ
Euonymus oxyphyllus var. oxyphyllus
ニシキギ科　落葉樹
北海道・本州・四国・九州

低山から山地の谷沿いに生える。樹高3〜4メートル。枝は緑色で細くしなだれる。果実は熟すと赤紫になって5つに割れ、中から長さ約7ミリの朱色の種が出てくる。葉のわきから出る長い枝の先に花や果実がぶら下がってつくことから「吊り花」の名がついた。

# カリガネソウ
Tripora divaricata
シソ科　多年草
北海道・本州・四国・九州

低山の谷沿いに生える。草丈約1.5メートル。枝を出して広がりしげみになる。植物全体に独特のにおいがある。青紫の花は幅約1センチ。雄しべと雌しべは上へ突き出して弓なりに曲がる。花の形や花が枝先にゆれるようすが鳥の雁を思わせる。

# キバナアキギリ
Salvia nipponica var. nipponica
シソ科　多年草
本州・四国・九州

低山の谷沿いなどの湿った木陰に生える。草丈10〜30センチ。花は長さ約3.5センチで黄色。花びらは大きく上下に分かれ、上側の花びらの中に雄しべと雌しべがある。本州中部の日本海側にはキバナアキギリはなく、仲間のアキギリが紫色の花をつける。

171

# 11月

ススキ
Miscanthus sinensis

## シオギク
Chrysanthemum shiwogiku
キク科　多年草
四国(徳島県・高知県)

海岸の明るいがけや岩場に生え、草丈約30
センチ。花は直径約1センチで黄色く、花び
らがない。葉はノジギクよりも細くて切れ込
みが浅い。葉の裏は白い。高知県では物部川
より東の海岸に生え、室戸岬に生えるのはシ
オギク。ノジギクとは分布が重ならない。

## ノジギク
Chrysanthemum japonense
キク科　多年草
本州(瀬戸内海沿岸)・四国(高知県・愛媛県)・九州

海岸の明るいがけや岩場に生える。草丈約
30センチ。花は直径4〜5センチでまわり
の花びらは白く中心は黄色。葉の裏は白
い。茎の根元は冬も枯れず年々かたく木の
ようになる。高知県では物部川より西の海
岸に生え、足摺岬に生えるのはノジギク。

## アゼトウナ
Crepidiastrum keiskeanum
キク科　多年草
本州(中部地方・紀伊半島)・四国・九州

海岸の明るい岩場に生える。草丈10〜20
センチ。花は黄色で直径約1.5センチ。葉
や茎を傷つけると白い液が出る。水不足に
なりやすい海岸でも葉にためた水分で生き
られるように、葉は厚ぼったい。冬の海辺
で日差しの暖かい岩場に咲く花の一つ。

樹皮は成長するとはがれ落ち、まだら模様になる。はがれたかけらはパズルのような形で、木の下に落ちている。

# アキニレ
Ulmus parvifolia
ニレ科　落葉樹
本州（中部地方以西）・四国・九州・沖縄

日当たりのよい河原などに生える。樹高15メートルぐらい。葉は長さ3〜5センチで手触りはざらざら。落葉の前に赤や黄に色づく。茶色の果実は直径約1センチ。果実のまわりは風を受けやすい薄いひれになっていて、風の強い日に親木から離れ新しい生育地へと飛ばされていく。秋に花や果実が見られることからこの名がついた。春に花の咲くハルニレは寒い土地に生える木で東日本に多く、アキニレは暖かい西日本に多い。

# ジュズダマ
Coix lacryma-jobi
イネ科　多年草
本州・四国・九州・沖縄

川岸や水路沿いに生える。草丈は1〜2メートル。果実は長さ約1センチの殻（から）に包まれている。殻は熟すとつやのある黒から茶色になり、とてもかたい。集めるとシャラシャラと気持ちのよい音がする。数珠（じゅず）のように殻に糸を通して遊べることからこの名がついた。

## タンキリマメ
Rhynchosia volubilis
マメ科　つる性多年草
本州(関東地方以西)・四国・九州・沖縄

平地から低山の道ばたに生える。全長2〜3メートル。果実は長さ約1.5センチで、真ん中がくびれている。果実のさやは赤く、熟すと開いてつやつやした黒い種が2個現れる。種を煎(せん)じて飲むと咳(せき)どめに効くといわれ「痰切り豆(たんきりまめ)」の名がついた。

## アキグミ
Elaeagnus umbellata
グミ科　落葉樹
北海道(南部)・本州・四国・九州

樹木のまばらな海岸や河原に生える。樹高約4メートル。枝や葉はうろこ状の毛におおわれて銀色に光る。赤い果実は直径約7ミリで先のへこんだ球形。果実酒やジャムに使われる。皮は渋いが、たまに渋味が少なく生で食べてもおいしい木がある。

## アラカシ
Quercus glauca var. glauca
ブナ科　常緑樹
本州・四国・九州

平地から低山の常緑樹林に生える。樹高約20メートル。葉はつやがあり、ふちは先の方にだけぎざぎざがある。果実は長さ約2センチの茶色のドングリで、帽子の部分は横しま。「かしきり(しぶ)」は渋ぬきしたアラカシのドングリの粉からつくる、豆腐に似た安芸市(あきし)の伝統料理。

ドングリの帽子をはずし
たところがくぼんでいる
特徴から「尻深樫」の名
がついた。

# シリブカガシ
Lithocarpus glaber
ブナ科　常緑樹
本州（近畿地方以西）・四国・九州・沖縄

低山の常緑樹林に生える。樹高15メートルぐらい。つやつやした茶色のドング
リが穂になって実る。ドングリは長さ1.5～2センチ。ほとんど渋味がないの
で、炒って食べることができる。炒った果実を粉にしてもち米と一緒に蒸してつ
けば、香ばしいドングリ餅になる。他のドングリの木の花は春にたれ下がった穂
に咲く。シリブカガシの花は9月ごろ枝先からにょきにょきと突き出た穂に咲
く。花を見つけておくと、11月にはドングリが拾える。

# スダジイ
Castanopsis sieboldii subsp. sieboldii
ブナ科　常緑樹
本州・四国・九州

平地から低山の常緑樹林に生える。温暖
多雨な高知県の低山はシイの自然林*が多
い。樹高約20メートル。果実は穂になって
つく。果実を包む薄茶色の皮は熟すと裂け
る。果実は長さ1～2センチでこげ茶色。
炒って食べると甘味がありおいしい。

177

## ツルウメモドキ
*Celastrus orbiculatus var. orbiculatus*
ニシキギ科　つる性落葉樹
本州・四国・九州

平地から山地の林のまわりに生える。全長10メートルほど。果実は熟すと黄色からオレンジになり、皮が3つに割れて真っ赤な果肉が現れる。果肉は直径約8ミリ。こういったあざやかな色合わせは、果実を食べて種を運んでくれる鳥への目印になる。

## ヤマノイモ
*Dioscorea japonica*
ヤマノイモ科　つる性多年草
本州・四国・九州・沖縄

平地から低山の林のまわりに生える。全長約5メートル。ハート形の葉は黄葉する。つるの節々につくむかごは直径1〜2センチ。むかごはご飯と一緒に炊いて、むかごご飯にするとおいしい。ごつごつしたニガカシュウ（→p149）のむかごと間違えないように注意。

## スズメウリ
*Zehneria japonica*
ウリ科　つる性一年草
本州・四国・九州

常緑樹林のまわりに生える。巻きひげで他のものにからみつき、高さ3メートルほどになる。果実は直径約1センチの球形で熟すと白くなる。果実の中には平べったい種が積み重なるように入っている。カラスウリ（→p197）に比べて果実が小さいのでこの名がついた。

## ムベ
Stauntonia hexaphylla
アケビ科　つる性常緑樹
本州（関東地方以西）・四国・九州・沖縄

平地から低山の林のまわりに生える。果実は
長さ5〜8センチ。皮は赤紫に熟してもアケビ
（→p49）のようには開かないが中の白い果
肉は甘く食べられる。鳥や動物が皮を破り、
果肉を食べて中の黒い種を運ぶ。高知県で
は「モチアケビ」と呼ばれる。

## サネカズラ
Kadsura japonica
マツブサ科　つる性常緑樹
本州（関東地方以西）・四国・九州・沖縄

常緑樹林に生える。つるは全長5メートル
ぐらい。果実の集まりは直径5センチほど。
まるい芯（しん）の上に数十個の赤い果実が並ん
でつく。まわりの果実だけがヒヨドリやメジ
ロなどの鳥に食われていき、冬、芯だけが
残っているのを見かける。

## エビヅル
Vitis ficifolia var. ficifolia
ブドウ科　つる性落葉樹
北海道・本州・四国・九州

常緑樹林のまわりに生え、海岸の近くに多
く見られる。つるは全長数メートルになる。
秋の終わりごろ、葉は赤や赤紫に色づく。葉
の裏にはフェルトのような毛が生えている。
果実は直径約8ミリ。ヤマブドウの仲間で、
黒く熟したものは甘酸っぱくて食べられる。

## シロダモ
Neolitsea sericea var. sericea
クスノキ科　常緑樹
本州・四国・九州・沖縄

平地から低山の常緑樹林に生える。樹高10〜15メートル。赤い果実は直径約1.5センチ。昨年咲いた花が一年かかって赤く熟した果実になる。果実の上に新しく伸びた枝に今年の花が咲く。花は淡い黄色で直径約5ミリ。葉の裏が白っぽいことからこの名がついた。

## サザンカ
Camellia sasanqua
ツバキ科　常緑樹
本州・四国・九州・沖縄

暖地の常緑樹林に生える。樹高約5メートル。花は直径5〜8センチで5枚の白い花びらがある。自生*では四国より西に生え、高知県は分布の東の端になる。ピンクや赤、八重咲きの花のものは自生では珍しいが、増やして栽培され全国で親しまれている。

## キチジョウソウ
Reineckea carnea
クサスギカズラ科　多年草
本州（関東地方以西）・四国・九州

低山の木陰に生える。草丈15センチぐらい。花はピンクで直径約1センチ。暗い林の地面にしばしば群生し珍しい植物ではないが、日当たりが悪いと開花せず、花が咲くのは珍しい。花が咲くと良いことがあるといわれ「吉祥草」の名がついた。

# ヤッコソウ
Mitrastemma yamamotoi
ヤッコソウ科　多年草
四国・九州・沖縄

暖地の常緑樹林に生え、シイの木の根から
養分を吸収する寄生*植物。草丈5〜10セン
チ。黄色い花粉のついた雄しべ(右)がはず
れたあと、下から雌しべ(左)が現れる。白
い葉の中に蜜があり、飲みに来た虫に花粉
がついて別の株と受粉する。

# キッコウハグマ
Ainsliaea apiculata var. apiculata
キク科　多年草
北海道・本州・四国・九州

低山から山地の草地や木陰に生える。草
丈5〜20センチ。白い花は直径約1セン
チ。5枚に切れ込んだ花びらが3つあり、全
部で15枚の花びらがあるように見える。葉
は株元に集まってつく。名前の「亀甲」は角
ばった葉の形を表している。

# ルリミノキ
Lasianthus japonicus
アカネ科　常緑樹
本州(中部地方以西)・四国・九州・沖縄

薄暗い常緑樹林に生える。樹高1〜2メート
ル。葉は2枚ずつ向かい合ってつく。果実は
葉のつけ根に下向きにつき、直径約6ミリ。
熟すと光沢のある青色になるので「瑠璃実
の木」の名がついた。森の中では見つけにく
いが美しい。

# カマツカ
Pourthiaea villosa var. villosa
バラ科　落葉樹
北海道・本州・四国・九州

低山から山地の日当たりのよい林に生える。樹高約7メートル。果実は長さ約7ミリでたれ下がりぎみにつく。秋の終わりごろ、葉はオレンジに色づき果実は赤く熟す。熟した果実はもそもそしているがわずかに甘味があり、リンゴに似た味がする。

# ガマズミ
Viburnum dilatatum
レンプクソウ科　落葉樹
北海道(南部)・本州・四国・九州

平地から山地の日当たりのよい林に生える。樹高6メートルぐらい。果実は直径約7ミリで赤く熟し、酸っぱい。名前の「ズミ」は「酸実」であるといわれる。酸味に加え塩味もあり、梅干しに似た味がするが、冬になるとやや甘くなる。

# カラスザンショウ
Zanthoxylum ailanthoides var. ailanthoides
ミカン科　落葉樹
本州・四国・九州・沖縄

平地から山地にかけて川岸や林のまわりの明るいところに生える。樹高15メートルぐらい。葉は秋に黄色く色づく。直径約5ミリの果実は熟すと赤紫色になり、重みでたれ下がる。黄色と赤紫の色合わせがよく目立つ。枝と幹にたくさんのとげがある。

# ケケンポナシ
Hovenia trichocarpa var. robusta
クロウメモドキ科　落葉樹
本州・四国

低山から山地の谷沿いに生える。樹高15メートルほど。球形の果実は茶色から白で直径約7ミリ。曲がりくねった果柄*の部分は太さ8ミリほどあり、茶色に熟すと甘くなり食べられる。ドライフルーツのような味わいがあり、英語ではレーズン・ツリーと呼ばれる。

# ビワ
Eriobotrya japonica
バラ科　常緑樹
本州・四国・九州

低山の谷沿いのがけなどに生える。樹高5メートルぐらい。花は白く、直径約1センチ。枝や葉、花の萼は柔らかな茶色の毛におおわれている。果樹として栽培される果実の大きなものは中国から伝えられた。在来のビワは果実が小さく、西日本に生える。

# ツワブキ
Farfugium japonicum var. japonicum
キク科　多年草
本州・四国・九州・沖縄

海岸に近い林のまわりや岩場に生える。草丈30〜60センチ。花は黄色で直径約6センチ。葉はまるくて光沢がある。春に出る若葉の綿毛のついた柄の部分は、香りがありおいしい。さっとゆがいて皮をむいた後、煮物にしたり甘酢につけたりして食べる。

## リュウノウギク
Chrysanthemum makinoi
キク科　多年草
本州・四国・九州

低山の乾燥した岩場などに生える。草丈40〜80センチ。花は直径約3センチで白からしだいにピンクに変わる。葉をもむと爽やかな香りがある。この香りが、熱帯の樹木から採れる竜脳という香料に似ていることからこの名がついた。

## シマカンギク
Chrysanthemum indicum var. indicum
キク科　多年草
本州（近畿地方以西）・四国・九州

低山の日当たりのよい道ばたや岩場に生える。地下茎が横へ伸びて芽を出し、新しい株をつくる。草丈50センチぐらい。花は直径約2センチで黄色。「島寒菊」という名のように地方によっては島や海岸に生えるが、高知県ではおもに山地に生えている。

## コムラサキ
Callicarpa dichotoma
シソ科　落葉樹
本州・四国・九州・沖縄

湿地や池のほとりに生える。樹高2メートルほど。枝は長く伸びてたれ下がり、節ごとに2枚の葉と果実ができる。果実は直径約3ミリ。花は紫、若い果実は緑だが、熟した果実は紫に色づく。花や果実を観賞するために庭木として植えられる。

## ヤマラッキョウ
Allium thunbergii
ヒガンバナ科　多年草
本州・四国・九州・沖縄

低山のあぜや道ばたなどに生える。草丈30〜60センチ。花茎の先にまるく集まって咲く花は紫色で直径約5ミリ。花の姿や球根の味と香りは栽培されるラッキョウとよく似ている。球根が直径5ミリほどと小さいので、一般には食用にされない。

## コウヤボウキ
Pertya scandens
キク科　落葉樹
本州・四国・九州

乾いた明るい林などに生える。樹高70センチほど。花は直径約2センチ。くるくると巻いた細い花びらは白い。花の重みでたれ下がる枝は細くしなやか。竹の栽培が禁止されていた高野山で、この枝を集めてほうきを作ったことからこの名がついた。

## リンドウ
Gentiana scabra var. buergeri
リンドウ科　多年草
本州・四国・九州

低山から山地の草原に生える。草丈20センチ〜1メートル。青紫の花は長さ3〜4センチの筒形で先は5つに分かれる。つぼみは先が右巻きにねじれてソフトクリームのような形をしている。ねじれがほどけながら花が開く。

# 12月

センダン

Melia azedarach var. azedarach

## テリハノイバラ
Rosa luciae var. luciae
バラ科　つる性常緑樹
本州・四国・九州・沖縄

海岸の岩場や川岸に生える。茎は全長3メートルほどにはって広がる。赤い果実は葉の間から突き出た枝の先につき、直径約7ミリ。海水から身を守るため、葉の表面にはつやつやした膜がある。葉の特徴から「照り葉のいばら」の名がついた。

## ツルソバ
Persicaria chinensis
タデ科　つる性多年草
本州（関東地方以西）・四国・九州・沖縄

海岸近くのがけや林のまわりに生え、しばしば大きな群れになる。茎は全長2メートルほどになる。花びらは花が咲いたあと散らずに果実を包み込む。花のとき白かった花びらは半透明に変わり、直径3ミリほどの黒い果実が透けて見える。

## ハマヒサカキ
Eurya emarginata var. emarginata
サカキ科　常緑樹
本州（関東地方以西）・四国・九州・沖縄

海岸の日当たりのよいがけに生える。樹高5メートルほど。雌株には直径約3ミリの雌花（写真）が咲く。果実は1年かかって、翌年の花が咲くころに黒く熟す。同じころ雄株には直径約5ミリの雄花が咲く。両花とも白またはクリーム色で、独特のにおいを放つ。

# ハマセンダン
Tetradium glabrifolium var. glaucum
ミカン科　落葉樹
本州(中部地方以西)・四国・九州・沖縄

暖地の海岸近くの常緑樹林に生える。樹高約15メートル。葉は長さ10センチほどの小葉が9〜15枚で一組になっている。葉や枝にはミカンに似た香りがある。冬、葉は黄色やオレンジ色に変わる。年末ごろから緑の林の中で黄色い葉がよく目立つようになる。

# トベラ
Pittosporum tobira
トベラ科　常緑樹
本州・四国・九州・沖縄

海岸に生えるほか、内陸の石灰岩地にも見られる。樹高約3メートル。葉は裏側へそり返る。果実は茶色に熟す。熟した果実は3つに割れて開き、長さ5ミリほどの朱色の種が現れる。種はねばねばしていて、食べに来た鳥の体にくっついて運ばれる。

# マサキ
Euonymus japonicus var. japonicus
ニシキギ科　常緑樹
北海道(南部)・本州・四国・九州・沖縄

海岸の岩場などに生える。樹高5メートルほど。果実はピンクから淡い赤紫に熟す。熟した果実は4つに割れて開き、朱色の果肉に包まれた長さ7ミリほどの種が現れる。種は鳥に食われて運ばれる。丈夫で育てやすく果実が美しいので庭木として植えられる。

## ツルグミ

Elaeagnus glabra var. glabra
グミ科　つる性常緑樹
本州（関東地方以西）・四国・九州

常緑樹林のまわりなどに生える。全長5メートルほどになる。葉の表は濃い緑色、葉の裏や枝は赤茶色っぽい。花はクリーム色で下向きに咲き、甘い香りを放つ。花びらは長さ4ミリほどの筒になり、先が4つに分かれている。他の植物に巻きついたりからまったりはしないが、しっかりした幹がなく寄りかかったりたれ下がったりするのでツルグミという。

果実は4月から5月に赤く熟し長さ1.5センチ。皮に渋味があるが果肉は甘く食べられる。

## クコ

Lycium chinense
ナス科　落葉樹
北海道（南部）・本州・四国・九州・沖縄

日当たりのよい砂浜や川岸に生える。樹高1メートルほど。果実は葉のつけ根からたれ下がってつき、長さ約1センチ。赤く熟しトウガラシに似た形。滋養強壮*の薬効*があり、漢方薬や果実酒として利用するため栽培されている。

# ヨシ

*Phragmites australis*

イネ科　多年草

北海道・本州・四国・九州・沖縄

下流の川岸や湿地に生える。草丈は1.5〜3メートル。地下茎を伸ばして大きな群れになる。茎の先に長さ40センチほどの穂がつく。ヨシの群れは、鳥や魚など多くの生き物のすみかになり、また水質をよくするというはたらきもある。

# タコノアシ

*Penthorum chinense*

タコノアシ科　多年草

本州・四国・九州・沖縄

川や池の岸の湿地に生える。草丈30〜100センチ。茎の先に斜めに数本の穂がつく。花や果実は穂の上に1〜2列に並びその様子が吸盤<sup>きゅうばん</sup>のあるタコの足に似ている。果実は直径約7ミリ。冬、ゆでたタコのように全体が赤くなる。

# フユノハナワラビ

*Botrychium ternatum var. ternatum*

ハナヤスリ科　多年草

北海道（南部）・本州・四国・九州・沖縄

日当たりのよい草地に生える。草丈20〜40センチ。葉は2枚に分かれている。1枚めは横へ広がり光を受けて栄養分を作り、2枚めは立ち上がって胞子*をつくる。1枚めがワラビの葉に似て、2枚めが花のようなので「冬の花わらび」の名がついた。

## クチナシ
Gardenia jasminoides
アカネ科　常緑樹
本州(中部地方以西)・四国・九州・沖縄

海に近い常緑樹林に生える。初夏に白い大きな花が咲き、香りもよいので庭や公園に植えられる。樹高約2メートル。果実は長さ2〜4センチで角ばっていて、オレンジ色に熟す。果実に含まれる黄色の色素は栗きんとんやたくあんなど食品の着色に使われる。

## イズセンリョウ
Maesa japonica
サクラソウ科　常緑樹
本州(関東地方以西)・四国・九州・沖縄

常緑樹林の木陰に生える。樹高1メートルほど。茎はしっかりと立たず、先の方はたれ下がる。果実は直径約5ミリで白く熟す。暖地に生える植物で、東日本では伊豆地方に多く生育していたためこの名がついた。高知県では低山でよく見られる。

## フユイチゴ
Rubus buergeri
バラ科　常緑樹
本州・四国・九州・沖縄

常緑樹林などの湿った木陰に生える。茎は地面をはって広がり、草丈約20センチ。茎には毛にまぎれて小さなとげがあり痛い。赤く熟した果実は直径8ミリ〜1センチでおいしい。多くの木イチゴ類は春から夏に実るが、フユイチゴの仲間は秋から冬にかけて実る。

# ムラサキセンブリ
Swertia pseudochinensis
リンドウ科　一年草／二年草
本州・四国・九州

低山の日当たりのよい蛇紋岩地に生える。草
丈10〜50センチ。花は直径約1.5センチで、
薄紫の花びらに濃い紫のすじが入る。花が美
しいので観賞用に栽培される。ときに葉や茎
まで紫のものがある。同じころ、白い花の「セ
ンブリ」は低山から山地の草地に咲く。

# コヤブラン
Liriope spicata
クサスギカズラ科　多年草
本州（中部地方以西）・四国・九州・沖縄

平地から低山の道ばたや木陰に生える。
草丈30センチほど。黒い種は直径約7ミ
リ。果実の皮は熟していく間に破れてなく
なってしまい、果実のように見えるのは種。
種は、ゴムボールのようにたたきつけるとは
ね返ってきて遊べる。

# ムサシアブミ
Arisaema ringens
サトイモ科　多年草
本州（関東地方以西）・四国・九州・沖縄

海岸に近い暖地の常緑樹林に生える。草
丈は50〜100センチ。雌株には長さ20セ
ンチほどの果実の集まりができ、大きい葉
が枯れるころ赤く熟す。果実は有毒。口に
入れただけで激痛を引き起こすので、おい
しそうに見えても決して食べてはいけない。

# クロガネモチ
Ilex rotunda
モチノキ科　常緑樹
本州（関東地方以西）・四国・九州・沖縄

常緑樹林に生える。赤い果実のつく雌株が、庭や街路に植えられる。樹高約15メートル。集まってつく果実は冬に赤く熟し直径約7ミリ。葉の色は黄緑から濃い緑。ときに冬、葉をすっかり落としてしまい、落葉樹のように枝と赤い果実だけの姿になることがある。

# ヤツデ
Fatsia japonica var. japonica
ウコギ科　常緑樹
本州・四国・九州・沖縄

常緑樹林に生える。樹高約3メートル。花は白く直径約8ミリ。まず5本の雄しべが花粉を出す（右）。花粉を出した雄しべと花びらが落ちたあと、雌しべの先が開く（中央）。同じ花の中では受粉せず、他の花の花粉と受粉するしくみになっている。

# ヒロハノミミズバイ
Symplocos tanakae
ハイノキ科　常緑樹
四国（徳島県・高知県）・九州

低山の常緑樹林に生える。樹高7メートルぐらい。花は葉のつけ根に集まって咲く。たくさんの白い雄しべは長さ約1センチで花びらよりも長く、よく目立つ。葉は幅約4センチで厚い。高知県では東部にだけ見られる。花の似ているミミズバイは夏に咲く。

雄株と雌株がある。雌株の葉のつけ根にたくさんの果実がかたまってつく。冬、果実は赤く熟し直径約8ミリ。

# タラヨウ
Ilex latifolia
モチノキ科　常緑樹
本州（中部地方以西）・四国・九州

低山の常緑樹林内の川岸などに生える。樹高はおよそ10メートル。葉は長さ10～20センチで厚く、ふちには鋭いぎざぎざがある。古い葉の表面にはしばしばコケや菌類がくっついている。葉の裏にとがったもので字を書くと、10秒ほどで書いたところが黒く変わり、字が浮かび上がってくる。これは葉の細胞が壊れ、細胞の中に入っているタンニンという成分が酸化して黒くなるため。字が書けることから「はがきの木」とも呼ばれ、郵便局によく植えてある。

# ヒイラギ
Osmanthus heterophyllus
モクセイ科　常緑樹
本州・四国・九州・沖縄

常緑樹林や針葉樹林の急斜面や岩場に生える。樹高約7メートル。花は白い花びらが4枚あり直径約5ミリ。キンモクセイに似た甘い香りがする。葉の鋭いとげはシカなどに食われるのを防いでいる。木が高くなるにつれ、とげの数は少なくなる。

## ゴンズイ
Euscaphis japonica
ミツバウツギ科　落葉樹
本州(関東地方以西)・四国・九州・沖縄

低山の常緑樹林のまわりに生える。樹高6メートルぐらい。1つの花からたいてい3個の果実ができる。熟した果実は赤くなり、厚い肉質の皮が開く。開いた皮には黒くてつやつやした直径約5ミリの種がまばらについている。

## ハゼノキ
Toxicodendron succedaneum
ウルシ科　落葉樹
本州・四国・九州・沖縄

平地から低山の常緑樹林に生える。毒のある樹液にさわると、ひどくかぶれるので気をつける。樹高10メートルほど。葉はあざやかに紅葉する。果実はつやのある白からクリーム色で長さ約8ミリ。食べても甘味はないが脂肪分を多く含み、多くの鳥が食べに来る。

## ツタ
Parthenocissus tricuspidata
ブドウ科　つる性落葉樹
北海道・本州・四国・九州

平地から山地の日当たりのよいところに生える。岩の上や樹木の幹(みき)に吸盤(きゅうばん)や根でくっついて成長し、全長は10メートルほどになる。長さ約10センチの葉は紅葉(こうよう)する。冬、直径7ミリほどの黒い果実をつける。落葉のあと葉の柄と果実が残る。

# コナラ
Quercus serrata
ブナ科　落葉樹
北海道(南部)・本州・四国・九州

低山の落葉樹林に生える。樹高約20メート
ル。葉は長さ10〜15センチ。葉は冬に黄やオ
レンジに変わる。高知県に多い常緑樹林は冬
でも落葉しないため暗いが、黄葉(こうよう)したコナラ
の木の下はとても明るい。コナラの細長いド
ングリは黄葉するよりも前に落ちている。

# サルトリイバラ
Smilax china var. china
シオデ科　つる性落葉樹
北海道・本州・四国・九州

低山から山地の林のまわりに生える。全長
約3メートル。鋭いとげのあるジグザグの枝に
まるい葉がつく。果実は雌株にだけでき直
径約1センチ。晩秋に熟して赤く色づくがしだ
いに茶色に変わる。鋭いトゲに猿が引っかか
るという意味で「猿(さる)とり茨(いばら)」の名がついた。

# カラスウリ
Trichosanthes cucumeroides
ウリ科　つる性多年草
本州・四国・九州・沖縄

平地から低山の林に生える。つるは全長約5
メートルになる。果実は長さ5〜7センチ。若
い果実は緑に白のしま模様がある。熟すにつ
れてしま模様は消え、全体が朱色に変わる。
中の種の形が大黒様(だいこくさま)*に似ているといわれ、
財布に入れて金運のお守りにされる。

# シマサルナシ

Actinidia rufa
マタタビ科　つる性落葉樹
本州（近畿地方以西）・四国・九州・沖縄

海に近い暖地の常緑樹林や内陸の
石灰岩地に生える。つるは他の樹木
にからみつき、全長10メートル以上
になる。花は5月ごろ咲く。雄株と雌
株があり、果実がつくのは雌株。いく
つもの茶色の果実が、ふさになってぶ
ら下がる。果実の表面に点々があっ
てナシに似ていることから「ナシカズ
ラ」とも呼ばれる。キウイフルーツの
仲間。

直径約3セン
チの切り口は、
キウイフルーツ
にそっくり。熟し
た果実は甘
酸っぱくおいし
い。

# タイキンギク

Senecio scandens
キク科　つる性多年草
本州（三重県・和歌山県）・四国（徳島県・高知県）・九州（熊本県）

海岸近くの日当たりのよい斜面をおおうよう
に生える。高さ5メートルほど。花は黄色で
直径約2センチ。葉は細い三角形。種類の
多いキク科の中でもつるになる植物は珍し
い。日本でも生えている所は少なく、高知県
へのお客さんに紹介したい植物の一つ。

# ムクロジ

Sapindus mukorossi

ムクロジ科　落葉樹

本州(関東地方以西)・四国・九州・沖縄

低山の谷沿いなどに生える。神社や寺にもよく植えられている。樹高15〜20メートル。葉は秋の終わりに黄色になる。果実は半透明の薄茶色で直径約2センチ。中に入っている黒い種が透けて見える。果実を振ると種がカラカラと音を立てる。ムクロジの枝で魔物を退治したという言い伝えから中国名で「無患子」と書かれる。日本では漢字の意味から、子どもの健康を守る縁起物*と考えられるようになった。

黒い種は直径約1.5センチの球形でかたくてよく弾む。この種は正月遊びの羽根突き*の玉に使われる。

半透明の果実の殻を水に浸すと洗浄成分のサポニンが溶け出し、洗濯や洗髪に使うことができる。

# 1月

ウマノアシガタ

Ranunculus japonicus var japonicus

# センダン
Melia azedarach var. azedarach
センダン科　落葉樹
四国・九州

日当たりのよい河原などに生える。樹高約15メートル。まるいこぶ状の冬芽は直径5ミリほど。薄茶色の毛が冬の寒さから守っている。冬芽の下にあるT字形の部分は葉が落ちた跡で、葉痕（ようこん）と呼ばれる。冬芽や葉痕の形を見るのは冬の楽しみの一つ。

# ハハコグサ
Pseudognaphalium affine
キク科　越年草
北海道・本州・四国・九州・沖縄

あぜや日当たりのよい草地に生える。地面にはいつくばった姿で冬を越し直径約10センチ。葉は表も裏も綿毛が密生していて白く見える。春の七草の一つで「ゴギョウ」と呼ばれ、1月7日の七草がゆに新芽が入れられる。2月ごろから黄色の花が咲く。

# スイバ
Rumex acetosa
タデ科　多年草
北海道・本州・四国・九州・沖縄

あぜや道ばた、空き地などに生える。冬の間は茎を伸ばさず、地面近くに葉を広げて直径30センチほどの株をつくる。葉は日当たりのよい場所では冬に真っ赤に色づく。冬越しした株は春になるとさらに大きくなり、茎を伸ばして花を咲かせる。

# チガヤ
Imperata cylindrica var. koenigii
イネ科　多年草
北海道・本州・四国・九州・沖縄

あぜや堤防などの明るい草地に生える。草丈は30〜70センチ。大きな群れをつくる。葉は長さ50センチほど。秋から冬にかけて葉は明るい茶色やオレンジから赤、紫など様々に変わり道ばたを彩る。5月ごろ出る銀色の穂は熟すと白い綿になって種を飛ばす。

# ラセンソウ
Triumfetta japonica
アオイ科　多年草
本州(関東地方以西)・四国・九州・沖縄

日当たりのよい道ばたの草地や畑のまわりに生える。草丈50センチ〜1メートル。果実は直径約1センチでこげ茶色。表面にはかぎ状のとげがあり、衣服や毛にひっつく。枝は斜めに伸びて、人や動物の通り道をふさぎ果実をひっつきやすくする。

# ヒメガマ
Typha domingensis
ガマ科　多年草
北海道・本州・四国・九州・沖縄

湿地や池、川岸に生える。草丈1.5〜2メートル。長さ10〜20センチの茶色の穂の中には長さ約1ミリの種が数万個入っている。種には、ふわふわした白い長い毛がついていて、穂が熟してほぐれると種は風に乗って飛ばされる。

## ジャケツイバラ
Caesalpinia decapetala var. japonica
マメ科　つる性落葉樹
本州・四国・九州・沖縄

常緑樹林のまわりに生える。茎と葉の鋭いとげで他の樹木に引っかかりながら成長し、全長10メートルを超す。果実は長さ約10センチ。熟すと茶色になり、さやが2つに割れる。割れたさやは乾燥すると開き、湿るとまた閉じる。

## フウトウカズラ
Piper kadsura
コショウ科　つる性常緑樹
本州(関東地方以西)・四国・九州・沖縄

海岸に近い常緑樹林のまわりや岩の上に生える。高さ10メートルほど。果実は直径2〜4ミリで赤く熟し、多数集まって長さ5〜10センチの穂になる。5月に咲くクリーム色の花の穂は柔らかくてだらんとたれ下がっているが、果実の穂はかたくてよじれている。

## テイカカズラ
Trachelospermum asiaticum var. asiaticum
キョウチクトウ科　つる性常緑樹
本州・四国・九州

平地から低山の常緑樹林のまわりに生える。つるは全長10メートルほど。白い樹液には毒があり、触るとかぶれることがある。果実は長さ約20センチで2個ずつつく。割れた果実からは綿毛のある種が現れる。冬の林の中に風で飛ばされた種がよく落ちている。

# カゴノキ
Litsea coreana
クスノキ科　常緑樹
本州(関東地方以西)・四国・九州・沖縄

低山の常緑樹林に生える。樹高は20メートルぐらい。樹皮は少しずつはがれ落ちてまだら模様になる。この模様が子鹿に似ていることから「鹿子の木」の名がついた。樹皮の模様や手触りは木によって個性があり、目を向けてみるのも面白い。

# クスドイゲ
Xylosma congesta
ヤナギ科　常緑樹
本州(近畿地方以西)・四国・九州・沖縄

海岸近くの林や内陸の石灰岩地に生える。樹高10メートルぐらい。葉はかたく、つやがある。枝にはとてもかたくて鋭いとげがある。若い木の幹にあるとげは特に大きく、長さ20センチほどになる。高知県で最も大きなとげを持つ植物。

# ノシラン
Ophiopogon jaburan
クサスギカズラ科　多年草
本州(中部地方以西)・四国・九州・沖縄

常緑樹林の木陰に生える。高知城ではあちこちに見られる。草丈40センチぐらい。細長い葉の先はたれ下がる。長さ約1センチの卵形の果実は穂になってつく。葉の陰に隠れてあまり目立たないことが多いが、光沢のあるあざやかな青色が美しい。

205

# ハナミョウガ
Alpinia japonica
ショウガ科　多年草
本州(関東地方以西)・四国・九州・沖縄

平地から低山の木陰に生える。草丈60センチぐらい。果実は長さ約1.5センチで赤く熟す。果実や葉の香りは甘く爽やかで、この香り成分に薬効\*がある。果実の中に10個ほどある種を乾燥させて粉にしたものが胃腸の調子を整える薬として利用される。

# アオキ
Aucuba japonica var. japonica
アオキ科　常緑樹
本州・四国・九州・沖縄

低山の常緑樹林やスギ林の木陰に生える。樹高3メートルほど。果実は長さ約2センチで赤く熟す。冬には多くの樹木が赤い果実をつけるが、アオキはその中でも果実の熟すのが特に遅く、正月をすぎてからようやく赤くなり見ごろを迎える。

# オモト
Rohdea japonica var. japonica
クサスギカズラ科　多年草
本州(関東地方以西)・四国・九州

平地から山地の林の中に生える。株元に数枚の葉がついて草丈30センチほど。直径約1センチの赤い果実が集まってつく。観葉植物\*として江戸時代に流行した。斑入りやしま模様の葉、でこぼこやひだのある葉など、模様と形が様々な数百の品種が作られた。

# センリョウ
Sarcandra glabra
センリョウ科　常緑樹
本州（関東地方以西）・四国・九州・沖縄

海に近い常緑樹林の木陰に生える。樹高1メートルほど。果実は枝の上のほうにつき、直径約5ミリで赤く熟す。正月に赤い実のなる「センリョウ」と「マンリョウ」と「アリドオシ」が「千両万両有りどおし」で縁起*が良いと、寄せ植え*にされる。

# マンリョウ
Ardisia crenata
サクラソウ科　常緑樹
本州（関東地方以西）・四国・九州・沖縄

常緑樹林の木陰に生える。樹高約1メートル。果実は横へ突き出た枝の先に集まってつき、直径約7ミリで赤く熟す。葉のふちは細かく波打ち、凹んだ部分には空気中の窒素から栄養を作る藻類*が住んでいる。マンリョウはこの藻類から栄養をもらっている。

# アリドオシ
Damnacanthus indicus subsp. indicus
アカネ科　常緑樹
本州（関東地方以西）・四国・九州

常緑樹林の木陰に生える。樹高は50センチくらい。果実は赤く、直径約5ミリ。枝と葉は横に広がる。枝の節ごとに上下に長いとげが出ている。このとげが小さなアリも突き通すほど鋭いという意味で「あり通し」の名がついた。

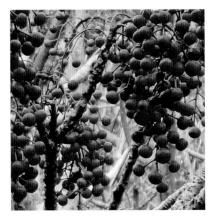

# イイギリ
Idesia polycarpa
ヤナギ科　落葉樹
本州・四国・九州・沖縄

谷沿いの明るい林に生える。樹高15メートルぐらい。初夏、淡い黄緑色の花がふさになって咲く。雄株と雌株がある。冬、雌株にだけ果実ができる。果実は赤く熟し直径約8ミリ。果実の房はブドウに似た形で長さ30センチほど。よく目立ち長く木に残っている。

# タマミズキ
Ilex micrococca
モチノキ科　落葉樹
本州（中部地方以西）・四国・九州

低山の常緑樹林に生える。樹高15〜20メートル。幹はまっすぐに伸びて上の方で枝を広げる。果実は直径約3ミリで赤く熟す。果実が赤くなり始めると黄葉した葉が落ちる。1月ごろ常緑樹林の中で赤い果実だけが遠くからでも見つけられるようになる。

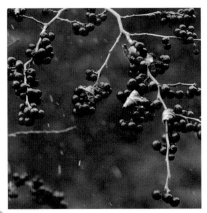

# ウメモドキ
Ilex serrata
モチノキ科　落葉樹
本州・四国・九州

低山から山地の落葉樹林で湿り気のある場所に生える。樹高約3メートル。雄株と雌株があり、雌株に果実ができる。果実は直径約5ミリで、葉のつけ根に集まってつき赤く熟す。1月ごろ、すっかり落葉した枝に赤い果実だけが残る。

# シモバシラ
Collinsonia japonica
シソ科　多年草
本州（関東地方以西）・四国・九州

低山の木陰に生える。草丈40〜70センチになる。冬、枯れた茎の根元のまわり
に様々な形の氷ができる。地上の茎は枯れていても、地下の根と地下茎は春に備
えて生きている。その根が吸い上げた地中の水分が、地上の枯れた茎の裂け目か
らしみ出して凍るので、茎のまわりに氷ができる。氷は水がしみ出てくるにつれて
少しずつ成長し、平べったい形になる。

花は10月に咲
く。花の穂は長さ
約10センチ。花
の時期に見つけ
ておくと冬に氷が
観察できる。

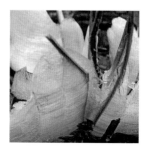

すじ模様が入っ
た氷が、冬、土に
できる霜柱*に似
ていることからこ
の名がついた。

# 用語（文中＊印）の解説

| 用語 | 解説 |
|---|---|
| 一日花（いちにちばな） | 咲いたらその日のうちにしぼむ花。一つ一つの花は一日花でも、たくさんの花が次々に咲けば、株全体としては何日も咲き続けることになる。 |
| エライオソーム | 種にくっついている肉質のもの。脂肪やタンパク質を含み、アリに運ばれて幼虫の餌となる。 |
| 縁起（えんぎ） | 幸運や不幸の前ぶれ。 |
| 縁起物（えんぎもの） | 幸運をもたらすと信じられているもの。 |
| 外来種（がいらいしゅ） | その地域にもともと土着しておらず、人間の活動によって他の地域から入ってきた生き物。 |
| 鉤（かぎ） | 先の曲がった棒状のもの。 |
| 果柄（かへい） | 果実を枝につないでいる柄の部分。 |
| 果胞（かほう） | スゲの仲間の雌しべを包む袋状のもの。袋の先に穴があり、雌しべの先だけが外へ出て受粉する。 |
| 観葉植物（かんようしょくぶつ） | 葉の形や色を楽しむために栽培される植物。 |
| 寄生（きせい） | 他の植物や菌類から栄養を吸収して育つこと。 |
| 煙管（きせる） | 刻みたばこを吸うための道具。細長く、先だけが曲がった形をしている。 |
| 北村四郎（きたむらしろう） | 1906年滋賀県生まれの植物学者。日本やヒマラヤのキク科植物を研究した。2002年没。 |
| 共生（きょうせい） | 2種類の生き物がお互いに相手から利益を得ている関係。 |
| 菌糸（きんし） | キノコやカビなど菌類の体をつくっている糸状のもの。 |
| 毛槍（けやり） | 羽毛の飾りを先につけた槍。大名行列の先頭で振り歩いたりする。 |
| 光合成（こうごうせい） | 植物が光のエネルギーを使って水と二酸化炭素から炭水化物をつくること。葉や茎の緑色のところで行われる。 |
| コンペイトウ | 砂糖菓子の一つ。球形の表面につの状の突起がある。 |
| 栽培化（さいばいか） | 植物を人間の管理のもとで育てて増やし、役に立つ性質の強い植物に変えていくこと。 |
| 在来種（ざいらいしゅ） | その地域にもともと土着していた生き物。 |
| 地黄（じおう） | 中国原産のゴマノハグサ科の多年草。地下茎が薬用にされる。 |
| 自生（じせい） | 人間の力によらず、自然に生育すること。 |
| 自然林（しぜんりん） | 人手をかけず、自然に生育している森林。 |
| 霜柱（しもばしら） | 冬の夜に地中の水分が地表にしみ出して凍ったもの。 |
| 三味線（しゃみせん） | 日本の弦楽器。三本の弦を三角形のばちで弾いて演奏する。 |
| 滋養強壮（じようきょうそう） | 栄養を補給して体の機能を回復すること。 |

| | |
|---|---|
| ぞうすい<br>**増水** | 川の水量が増えること。 |
| そうるい<br>**藻類** | 光合成をする生き物のうち、一般に植物と呼ばれるもの以外の総称。 |
| だいこくさま<br>**大黒様** | 七福神の一つ、大黒天のこと。農業や商売の神として信仰される。 |
| ちゃくせい<br>**着生** | 樹皮や岩など、土以外のものに植物がくっついて生えること。 |
| ちゅうえい<br>**虫えい** | 昆虫などに寄生された植物の体の一部がこぶや突起のように変形したもの。虫こぶともいう。 |
| ちょうせんにんじん<br>**朝鮮人参** | 東アジア原産のウコギ科の多年草。根が薬用にされる。 |
| つくばね<br>**衝羽根** | 羽根突き遊びに使う羽根。 |
| つづら<br>**葛籠** | 衣類などを入れる、ふたのついたかご。 |
| はかま<br>**袴** | 和服で腰から下に着るもの。植物の茎の節や果実を包む部分を指すことがある。 |
| はねつき<br>**羽根突き** | 羽子板で羽根をつく、正月の遊び。 |
| はんげしょう<br>**半夏生** | 夏至の10日後。 |
| ふゆがれ<br>**冬枯れ** | 冬になって草木が枯れること。 |
| ほうし<br>**胞子** | シダ植物が作る、繁殖のための粉のようなもの。風で飛んでいった先で芽を出して成長し受精すると、また新しいシダ植物の株として育ち始める。 |
| ほうしゃじょう<br>**放射状** | 1点を中心に周りへ広がった形。 |
| まきのとみたろう<br>**牧野富太郎** | 1862年高知県佐川町生まれの植物学者。国内各地で植物を採集し、新種を発見して名付けた。1957年没。 |
| まんようしゅう<br>**万葉集** | 8世紀ごろに作られた、和歌を集めた本。 |
| みつせん<br>**蜜腺** | 植物が蜜を出すためのもの。多くは花の中にあるが、植物によっては茎や葉にある。 |
| やっこう<br>**薬効** | 薬のききめ。 |
| やはず<br>**矢筈** | 矢の後ろの端にある、弓のつるを引っ掛けるための切り込み。 |
| ようりょくそ<br>**葉緑素** | 植物の葉が持っている緑色の色素で、光合成のために必要。 |
| よしながとらま<br>**吉永虎馬** | 1871年高知県佐川町生まれの植物学者。高知県内で植物を採集し、多くの新種を発見した。1946年没。 |
| よせうえ<br>**寄せ植え** | いくつかの植物を集め配置して植えること。 |
| りょうせいか<br>**両性花** | 雄しべと雌しべを両方もっている花。雄しべだけの雄花、雌しべだけの雌花と区別している。 |
| れっどりすと<br>**レッドリスト** | 絶滅のおそれのある生き物を調べてリストにしたもの。国や都道府県ごとに作られている。 |

# レッドリスト掲載種一覧

環境省と高知県はそれぞれ2020年に最新のレッドリストを公表しました。レッドリストは絶滅のおそれのある生き物をまとめたもので、環境省のレッドリストは日本国内での絶滅、高知県のレッドリストは高知県内での絶滅を対象にしています。記号の意味は以下のとおりです。

**CR**：ごく近い将来に絶滅する危険性がとても高い。

**EN**：近い将来に絶滅する危険性が高い。

**VU**：絶滅の危険が大きくなっている。

**NT**：今は絶滅の危険が小さいが、状況によって危険が大きくなる可能性がある。

| ページ | 植物名 | 環境省 | 高知県 |
|---|---|---|---|
| 18 | ナンカイアオイ | VU | |
| 20 | コセリバオウレン | | NT |
| 21 | シコクフクジュソウ | VU | |
| 30 | スズシロソウ | | VU |
| 33 | トサミズキ | NT | |
| 35 | トサコバイモ | VU | VU |
| 54 | エビネ | NT | VU |
| 54 | トサノアオイ | NT | NT |
| 55 | クマガイソウ | VU | VU |
| 55 | キンラン | VU | VU |
| 58 | ヒメイカリソウ | | NT |
| 58 | ヤハズマンネングサ | VU | NT |
| 59 | サイコクイカリソウ | VU | EN |
| 61 | ユキモチソウ | VU | |
| 68 | コキンバイザサ | | EN |
| 70 | カワヂシャ | NT | |
| 70 | ミゾコウジュ | NT | NT |
| 71 | シラン | NT | |
| 72 | カザグルマ | NT | EN |
| 73 | ホタルカズラ | | VU |
| 80 | サカワサイシン | VU | |
| 81 | ナンゴクウラシマソウ | | VU |
| 83 | マメヅタラン | NT | NT |
| 88 | スズサイコ | NT | NT |
| 90 | オオミクリ | VU | VU |
| 98 | ササユリ | | EN |

| ページ | 植物名 | 環境省 | 高知県 |
|---|---|---|---|
| 103 | クワズイモ | | VU |
| 105 | ハマボウ | | EN |
| 108 | キキョウ | VU | EN |
| 109 | ユウスゲ | | EN |
| 112 | タキユリ | VU | |
| 115 | キバナノセッコク | EN | EN |
| 115 | ヒロハコンロンカ | | EN |
| 119 | キバナノショウキラン | EN | CR |
| 120 | ヒメユリ | EN | CR |
| 129 | ビロードムラサキ | VU | |
| 133 | ザラツキギボウシ | VU | |
| 133 | ヒメトラノオ | | CR |
| 135 | フシグロセンノウ | | VU |
| 141 | ヒメノボタン | VU | VU |
| 142 | ウスゲチョウジタデ | NT | |
| 142 | ヒメサルダヒコ | | NT |
| 146 | タチカモメヅル | | VU |
| 163 | トサトウヒレン | VU | EN |
| 163 | ヤナギノギク | VU | VU |
| 167 | クロヤツシロラン | | NT |
| 181 | ヤッコソウ | | EN |
| 191 | タコノアシ | NT | NT |
| 193 | ムラサキセンブリ | NT | EN |
| 194 | ヒロハノミミズバイ | | VU |
| 198 | タイキンギク | NT | |

（2020年4月1日現在）

# さくいん

# あとがき

　タンポポの咲く田のあぜで弁当を
食べるとき、大潮の日に子供らと磯遊びをする
とき、連れ合いと森にしゃがみこんでシイの実を拾うとき、
ぼくはいつもたくさんの生き物の気配を感じて安心します。
生き物の暮らしについてぼくが知っていること、気がつけることは
ほんのわずかです。でも間違いなく、地球上にはとてもたくさん
の生き物がいて、そのすべてがそれぞれのやり方で生き、育ち、
子孫をつくって命をつないでいます。そのふしぎでたくましい
生き物の暮らしぶりをかいま見て、ぼくは安心します。
この本を手にとったなら、ぜひ自分の身近な植物の暮らしに
目をとめてみてください。そして、植物の他にも様々な
生き物が存在していることにも思いを巡らせて
もらえたら、うれしく思います。

小林　史郎

## おことわり

　この本で使った言葉は、専門的な使い方とは違っている部分があります。誰にでも分かりやすく、しかも事実が正しく伝わるように努力した結果ですが、専門的な文献や図鑑に慣れている方には違和感があるかもしれません。また学名は命名者名を省略しています。

　12ヶ月への振り分けは、たとえば花なら、高知県で1番多く咲く月や目にとまりやすい月を選びました。高知県の中でも標高や日あたりによって違いが出ますし、その年どしの気候でずれることもあります。

# 謝　辞

　この本が完成するまでにたくさんの方々にお世話になりました。

　加藤雅啓先生、坂本彰さん、加藤真さんには原稿を読んでいただき、たくさんの助言をいただきました。田城光子さん、田城松幸さん、野村守佑さん、松本忠博さん、坂本彰さん、奥宮鈴子さん、竹内久宜さん、川村近子さん、高橋眞起さんはじめ多くの方に写真の撮影に協力していただきました。土佐植物研究会会員の皆さんや高知県立牧野植物園のスタッフとボランティアの皆さんからは、高知県の植物について多くのことを教えていただきました。この場を借りてお礼申し上げます。

　またこの本は、高知新聞夕刊の連載「土佐の植物日誌」を本にしては、ということでお話をいただいたものです。連載のきっかけを作ってくださった新田義治さん、連載を企画してくださった依光隆明さん、11年にわたり毎日の原稿を読んでくださった大野由紀夫さんと高知新聞社のみなさん、連載を応援し本の出版を待ってくださった新聞読者の方々、本当にありがとうございました。

　途中、在来植物だけの本にして文も写真も一から本のために用意したい、とぼくがかじを切りました。本職の塾講師の昼休みや休日に写真撮影を進めたため、すべてがそろうのに8年近くかかってしまいました。最初から最後まで付き合ってくださった高知新聞総合印刷の山本和佳さん、そして出版のすべてのスタッフに感謝します。

　この本を作るにあたり小林・竹村・新田家のみんながいつも温かく見守ってくれました。姉はすべての原稿に目を通し、助言と応援をしてくれました。子どもたちは撮影に同行し執筆に付き合い、長い時間を辛抱強く待ってくれました。妻は、苦しい局面でも、ぼくの心と体の健康を守ってくれました。そして、本づくりに必要なあらゆる雑務をこなしてくれた、この本の共同制作者でもあります。みんな本当にありがとう。

2020年3月末日　小林　史郎

## 著者略歴

### 小林史郎

1970年生まれ。京都大学理学部・東京大学大学院卒、博士(理学)。専門分野は植物の分類学と繁殖生態学。2003年～2008年、高知県立牧野植物園で「高知県植物誌」の編纂を担当。2008年～2019年、高知新聞夕刊に「土佐の植物日誌」を連載(全3029回)。現在、天王予備校講師。土佐植物研究会会員。

写真　小林史郎　小林和夏
画像編集　小林和夏
イラスト　山﨑一巳　新田義治(表紙・あとがき)
装丁・デザイン　木村茂樹　小林和夏

土佐の植物暦
2020年9月10日　第1刷発行

著　者　小林史郎
発行者　松島健
発行所　高知新聞総合印刷
　　　　〒781-8121　高知市葛島1-10-70
　　　　Tel 088-885-0092
印刷・製本　高知新聞総合印刷
©Shiro Kobayashi 2020 Printed in Japan
ISBN　978-4-910284-00-2